3D打印组装维护与设计应用

Assembling, Maintenance, Design and Application of 3D Print

刘利钊◎著

新 华 出 版 社

图书在版编目（CIP）数据

3D打印组装维护与设计应用 / 刘利钊著. -- 北京：
新华出版社, 2016.9
ISBN 978-7-5166-2850-8

Ⅰ. ①3… Ⅱ. ①刘… Ⅲ. ①立体印刷—印刷术
Ⅳ. ①TS853

中国版本图书馆CIP数据核字(2016)第236801号

3D 打印组装维护与设计应用

作　　者：刘利钊

选题策划：三鼎甲
责任编辑：蒋小云　　封面设计：三鼎甲
责任印制：廖成华　　责任校对：周　骁

出版发行：新华出版社
地　　址：北京石景山区京原路 8 号　　邮　　编：100040
网　　址：http://www.xinhuapub.com　　http://press.xinhuanet.com
经　　销：新华书店
购书热线：010-63077122　　中国新闻书店购书热线：010-63072012

照　　排：中版图
印　　刷：北京京华虎彩印刷有限公司
成品尺寸：145mm × 210mm
印　　张：5　　字　　数：210 千字
版　　次：2016 年 9 月第一版　　印　　次：2016 年 10 月第一次印刷
书　　号：978-7-5166-2850-8
定　　价：68.00 元

前言

制造业是将信息、技术、人力、设备、能源、物料等制造资源，按照社会发展、社会使用、市场需要等综合需求，通过制造过程，转化为可供人们使用和利用的工具、工业品、生活消费品、全方位社会消耗品的行业。制造业直接体现了一个国家的生产力水平，是工业化进程的核心要素，是区别发达国家和发展中国家的重要因素，打造强大的制造业是问鼎世界强国的必由之路。反之，没有强大的制造业就不可能成为世界强国。

老牌制造业强国都开始重新探索和把握新工业革命，先后从国家战略高度提出引领和规划民族制造业创新与未来发展的纲要，如“美国先进制造业国家战略计划”、“德国工业4.0”、“英国工业2050战略”、“欧盟先进制造战略”、“日本科技工业联盟”等。中国作为全球制造业大国，正式提出“中国制造2025”战略并开启了通往制造业强国的大门。快速制造、智能制造、先进制造、高端制造、再工业化被包括中国在内的世界各国加速提上日程并推入国家发展快速轨道，3D打印作为新型ICT制造技术，成为这个进程中的焦点和关键。

本书从技术简介、技能知识、技能素养、技术实例、技术实施五个角度着手，各部分内容中分别加入相应的交叉知识点和综合知识点，从实际出发、用通俗易懂的语言阐述了3D打印组装维护和设计应用内容。全书包含四个章节、一个附录，共五个部分。第一章为3D打印概述部分，涵盖了3D打印技术发展脉络、原理和流程、各类型3D打印技术和3D打印机体结构、3D打印耗材等内容，并对3D打印技术的未来做了集约化的展望。第二章为3D打印组装与维护部分，以3Dtakers的3D打印机为例、详解了打印机从无到有、从有到通、从通到精的方法与过程，内容中涵盖了3Dtakers的嵌入式软硬件、嵌入式控制系统、控制电路和电机驱动、机械结构等重要内容。第三章为3D打印设计部分，以十二个生动的实际案例，由浅入深、从易到难的详解了面向3D打印软硬件的设计方法，给出了能够提高设计质量和打印成功率、促进打印稳定性的设计技巧与避免事项；以泛维智连手机智能3D照片视频建模系统为例，讲解了使用智能手机即可进行全自动三维扫描建模的方法和流程。第四章为3D打印应用部分，以建筑和BIM、航空航天、汽车制造、生物医疗、文化创意五个领域为例、介绍了3D打印设备和技术的多领域应用方法与方式，为读者开拓思路、启迪思想。附录详细而有序的列出3Dtakers打印机组件，为读者快速掌握3D打印机结构提供帮助。

本书适合各中学、职业培训机构、技能培训机构、社会培训机构、高职院校、企业和相关政府部门等作为教材或教辅材料使用，也可作为专业技术人员的参考资料使用。为使读者能详尽、全面的掌握3D打印技术精髓和全局，编者将继续推出面向高校和科研院所的硕士研究生、博士研究生和相关领域专业研发人员、技术人员的细分高级教程，同时推出面向中学、小学、幼儿园的科普教程和兴趣教程。

本书由快速制造国家工程研究中心厦门研发中心、多维泰特（厦门）智能科技有限公司组织编写。技术总监刘利钊博士担任主编。在本书的撰写过程中，快速制造国家工程研究中心厦门研发中心的全体研发人员和工作人员付出了宝贵的智慧和辛勤的劳动，多维泰特（厦门）智能科技有限公司、三维泰柯（厦门）电子科技有限公司的王昌福总经理和全体工作人员给予了大力支持与协助，在此深表感谢。

本书不足之处在所难免，敬请广大读者不吝提出宝贵意见。

编者

2016年7月

目　录

CONTENTS

第1章　3D打印概述 ······ 001

1.1　3D打印发展脉络 ······ 001

1.2　3D打印原理和流程 ······ 002

1.3　3D打印技术简介 ······ 003

1.3.1 光固化成型技术 ······ 003

1.3.2 熔丝沉积成型技术 ······ 004

1.3.3 选择性激光烧结成型技术 ······ 005

1.3.4 三维粉末粘结成型技术 ······ 006

1.3.5 分层实体制造成型技术 ······ 007

1.3.6 数字光处理成型技术 ······ 008

1.3.7 其它3D打印成型技术 ······ 009

1.4　常见的3D打印机机体结构简介 ······ 010

1.4.1 三角型结构 ······ 011

1.4.2 矩形盒式结构 ······ 011

1.4.3 矩形杆式结构 ······ 012

1.4.4 三角爪式结构 ······ 013

1.5 国内外3D打印发展现状简述 …… 014
1.6 3D打印耗材简述 …… 016
1.7 3D打印发展趋势和总结 …… 017

第2章 3D打印机组装与维护 …… 019
2.1 3Dtakers桌面型打印机简介 …… 019
2.2 3D打印机的组装 …… 020
2.2.1 机架结构与传动模块组装 …… 021
2.2.2 线路模块组装 …… 030
2.2.3 打印头安装及调试 …… 033
2.2.4 平台模块安装及水平调试 …… 036
2.2.5 打印材料安装 …… 037
2.2.6 整机调试 …… 040
2.2.7 取下打印的物体 …… 044
2.3 3D打印机的维护 …… 045
2.3.1 常见问题与解决方案 …… 045
2.3.2 打印头堵料故障排除 …… 053

第3章 3D打印设计 …… 055
3.1 3D打印设计概述 …… 055
3.2 3D打印设计案例 …… 056
3.3 3D打印模型设计注意事项 …… 121
3.4 智能3D照片视频建模软件的使用 …… 126
3.4.1 照片建模步骤 …… 128
3.4.2 视频建模步骤 …… 130

第4章 3D打印应用 ………………………………………… 133

4.1 3D打印在建筑领域的应用 ………………………… 133

4.2 3D打印在航空航天领域的应用 …………………… 136

4.3 3D打印在汽车制造领域的应用 …………………… 139

4.4 3D打印在医疗领域的应用 ………………………… 140

4.5 3D打印在文化创意领域的应用 …………………… 143

附录 …………………………………………………… 147

第1章　3D打印概述

3D打印，是一种快速制造技术，其核心思想起源于19世纪的照相雕塑技术（photosculpture）和地貌成型技术（topography），但受到当时材料、计算机等学科技术的限制，而没有得到广泛应用和商业化。之后，技术的正式研究始于20世纪70年代，直到20世纪80年代后期得以发展和推广。

3D打印的概念是：以数字模型文件为基础，运用液体、固体、气体等材料，通过逐层或逐区域正向增长的方式来构造三维物体，所制造结果可具有论证价值、直接和间接使用价值。体现了信息技术、控制技术、先进材料技术、数字制造技术的密切结合，是快速制造、智能制造、先进制造、高端制造、再工业化的重要组成部分。

1.1　3D打印发展脉络

3D打印技术诞生于上世纪80年代的美国， 1984年，Charles Hull开始研发3D打印技术。1986年，Charles Hull率先推出光固化方法（stereo lithography apparatus，SLA），这是3D打印技术发展的一个里程碑。同年，他创立了世界上第一家3D打印设备的3D Systems公司。该公司于1988年开发出了第一台商业3D印刷机SLA-250。

1988年，美国人Scott Crump发明了另外一种3D打印技术——熔融沉积制造技术（fused deposition modeling, FDM），并成立了Stratasys公司，该公司在1992年卖出了第一台商用3D打印机。FDM 3D打印技术是理想的消费类3D打印机技术，它简便易用、成型过程可控且无光学或电磁危害，其使用成本低、维护成本低、材料成本低，整机具有相对的价格优势。

1989年由美国德克萨斯州大学奥斯汀分校的C.R.Dechard博士发明了选择性激光烧结法（selective laser sintering, SLS）并获得专利，1992年开发了商业成型机。其原理是利用高强度激光将材料粉末烧结直至成型，应用该种技术开发的3D打印机，其设备成本、维护成本、材料成本高，一般机器体型较大，运输和使用不便。

1993年，麻省理工的教授Emanual Sachs发明了一种选择性粘结技术，并获得立体平版印刷技术专利。这种技术类似于喷墨打印机，通过向金属、陶瓷等粉末喷射粘接剂的方式将材料逐片成型，然后进行烧结制成最终产品。1995年，美国ZCorp公司从麻省理工学院获得授权,利用该技术来生产3D打印机，“3D打印机”的称谓由此而来，这种技术的优点在于制作速度快、价格低廉，但其烧结环节类似陶瓷制品的烧结环节，难以快速进入个人或家庭的视野。2005年，市场上首个高清晰彩色3D打印机Spectrum Z510由ZCorp公司研制成功。2008年，开源3D打印项目RepRap发布“Darwin”，3D打印机制造进入新纪元。

1.2 3D打印原理和流程

3D打印技术的成型原理是分层制造、逐层叠加，又称为增材制造技术。打印系统通过读取数字模型文件中的横截面信息，每次制作一个具有微小厚度和特定形状的截面，每个截面如同医学上的一张CT像片，然后再把它们逐层粘结起来，得到所需制造的三维物体。

3D打印流程：通过三维建模软件设计、三维扫描仪数据采集、互联网平台下载、三维重建等方式获取数字模型文件；将模型文件导入到打印机相配套的解析软件环境中，进行相关的打印参数，如打印速度、温度、层高等的设定，并转化为3D打印机可识别的格式文件，如G代码文件；打印系统自动读取经转化的模型信息进行打印。

目前3D建模软件和3D打印机之间协作的标准文件格式有多种，常用的有四种：STL、OBJ、AMF和3MF，其中STL是最简单易用的一种格式。STL是三角网格文件格式：一个STL文件使用多个三角面来近似模拟物体的表面和内部结构，当三角面越小、数量越多时其生成的表面分辨率越高。

用传统方法制造出一个模型通常需要数小时到数天，根据模型的尺寸以及复杂程度而定。而用3D打印技术则可以将时间缩短为数个小时，当然其是由打印机的性能以及模型的尺寸和复杂程度而定的。传统的制造技术如注塑法可以以较低的成本大量制造聚合物产品，而3D打印技术则可以以更快、更有弹性以及更低成本的办法生产数量相对较少的产品。一个桌面尺寸的3D打印机就可以满足设计者或概念开发小组制造模型、设计、论证、试用的基础需要。3D打印机通过读取文件中的横截面信息，用液体状、粉状或片状的材料将这些截面逐层地打印出来，再将各层截面以各种方式粘合起来从而制造出一个实体，这种技术的特点在于其几乎可以制造出任何形状的物品。

1.3　3D打印技术简介

1.3.1 光固化成型技术

光固化成型（Stereo lithography Apparatus，SLA）技术主要使用光敏树脂为材料，通过紫外光或其它光源照射使树脂薄层产生光聚合反应而凝固成型，逐层固化，最终得到完整的产品。光固化成型技术的成型原理如图1–1所示。其优势在于成型速度快、精度高、表面光滑，适合制作精度要求高、结构复杂的精细工件的快速成型。光固化成型技术的不足之处在于光敏树脂原材料有一定的毒性，操作人员使用时要注意防护，成型后模型强度不够且容易变色、变质，模型稳定性差。因此一般主要用于原形设计验证，然后通过一系列后续处理工序可将原形转化为实用型产品。光固化成型技术的设备成本、材料成本以及维护成本都远高于FDM，因此主要运用在专业领域。

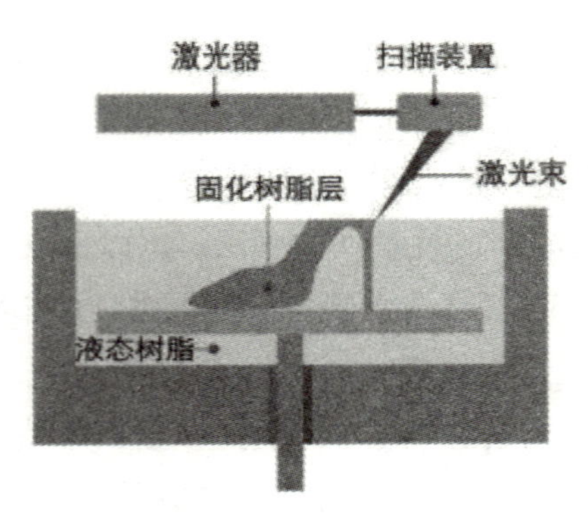

图 1–1 光固化成型技术原理图

1.3.2 熔丝沉积成型技术

熔丝沉积成型（Fused Deposition Modeling，FDM）技术是将丝状热熔性材料加热融化，通过3D打印机的打印头内的喷嘴挤喷出来，沉积在制作面板上，当温度低于固化温度后开始固化过程，通过材料的层层堆积形成最终成品，其成型原理见图1–2，熔丝沉积成型3D打印机的打印头通过加热线材挤出熔融物于平台上、自下而上地构造实体模型。熔丝沉积成型技术机械结构最简单、设计容易，制造成本、维护成本和材料成本低，是桌面型机中使用得最多的技术，机器简便易用、成型过程可控且无光学或电磁危害，整机具有相对的价格优势。随着熔丝沉积成型温度控制技术和FDM打印材料的发展，通过熔丝沉积成型技术打印陶瓷、木类、蜡质、金属等实物已经实现并在精度和速度上逐步提升，通过打磨、抛光、上色等后处理的实物可兼具实用性能与论证性能。

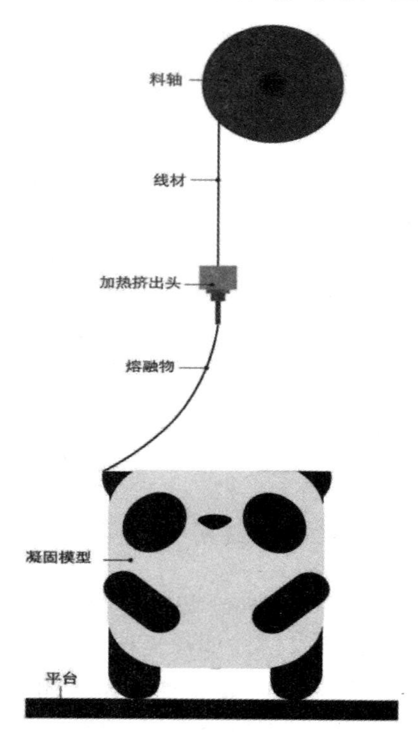

图 1-2　熔丝沉积成型技术原理图

1.3.3 选择性激光烧结成型技术

选择性激光烧结成型（Selective Laser Sintering, SLS）技术利用粉末材料在激光照射下烧结的原理，由计算机控制层层堆结成型：铺一层粉末材料并将材料预热到接近熔化点，再使用激光在该层截面上扫描，使粉末温度升至熔化点，然后烧结形成粘结，接着不断重复铺粉、烧结的过程，直到完成整个模型成型。选择性激光烧结成型原理如图1–3所示。选择性激光烧结成型技术可以使用较多的粉末材料并制成相应材质的成品。选择性激光烧结成型技术优势目前在于金属成品的制作，强度优于其他3D打印技术，但缺陷是粉末烧结的表面粗糙，需后期处理；设备成本高、技术难度大、制造和维护成本高，所以应用范围主要集中在高端制造领域。

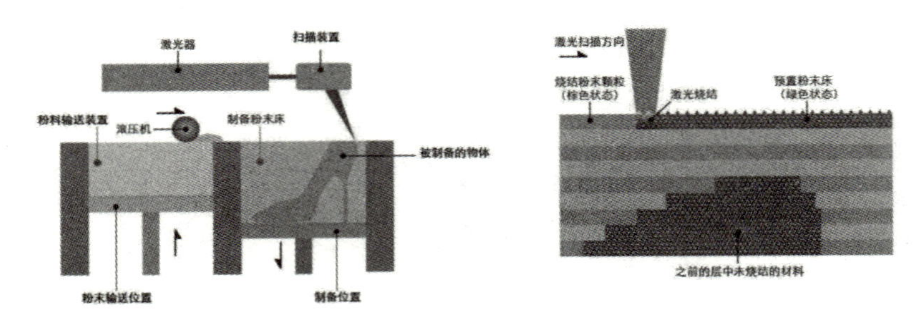

图 1–3 选择性激光烧结成型原理图

1.3.4 三维粉末粘结成型技术

三维粉末粘结成型（Three Dimensional Printing and Gluing，3DP）技术原料使用粉末材料，如陶瓷粉末、金属粉末、塑料粉末等，工作原理：铺一层粉末后用喷嘴将粘合剂喷在需要成型的区域，让粉末粘接形成零件截面，后续不断重复铺粉、喷涂、粘接的过程，一层一层叠加，获得最终打印出来的产品，三维粉末粘结成型的成型原理如图1–4所示。三维粉末粘结成型技术优势在于成型速度快，无需支撑结构，而且能输出彩色打印产品，这是其他技术比较难于实现的。不足是：粉末粘接的成品强度不高，多数只能作为测试原型，成品表面不如光固化成型技术光洁，精细度也有劣势，要产生拥有足够强度的产品，还需一系列的后续处理工序；制造的相关粉末材料成本高、技术复杂，所以三维粉末粘结成型技术主要应用于专业领域。

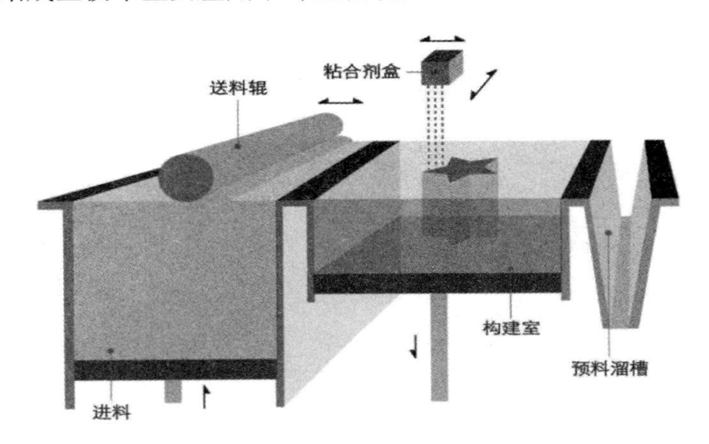

图 1-4　三维粉末粘结成型技术原理图

1.3.5 分层实体制造成型技术

分层实体制造成型（Laminated Object Manufacturing，LOM）技术是根据三维CAD模型每个截面的轮廓线，在计算机控制下发出控制切割系统的指令。供料机构将涂有热溶胶的薄片（如涂覆纸、涂覆陶瓷箔、金属箔、塑料箔材）分段送至工作台，切割系统按照计算机提取的横截面轮廓对薄片沿轮廓线将工作台上的材料割出轮廓线，并将材料的无轮廓区切成小碎片，然后逐层将薄片压紧并黏合在一起。可升降工作台支撑正在成型的物体，并在每层成型之后降低一个厚度，以便送进、粘合和切割新的一层薄片。然后将多余的废料小块剔除，最终获得三维产品。分层实体制造成型技术的成型原理如图1-5所示。目前，分层实体制造成型技术可以应用的原材料种类较少，如纸、金属膜、塑料薄膜；成型出来的模型须尽快进行防潮处理。此种技术很难构建形状精细、多曲面的物体，仅限于结构简单的物体。

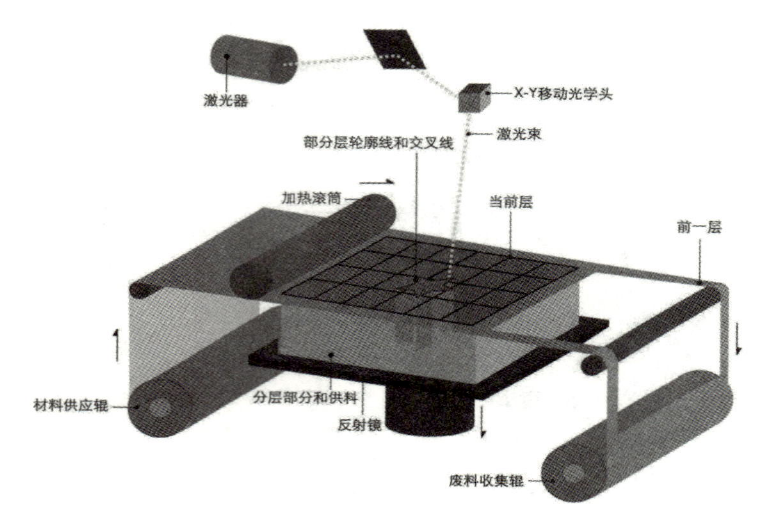

图 1-5　分层实体制造成型原理图

1.3.6 数字光处理成型技术

数字光处理成型（Digital Light Processing, DLP）技术主要使用光敏树脂为材料，以DLP类型芯片组的高反射铝微镜阵列实现电子束输入和光子输出而构成数字光处理器，对数字光处理器进行编程实现正负图形或图像的输出，运用数字光处理器以正投或者背投的方式、实现整面照射使树脂薄层产生聚合反应和凝固成型，通过逐层固化液态聚合物后得到完整的产品。数字光处理成型技术的成型原理如图1-6所示。优势在于成型速度快、精度高、表面光滑，适合制作精度要求高、结构复杂的精细物体的快速成型。

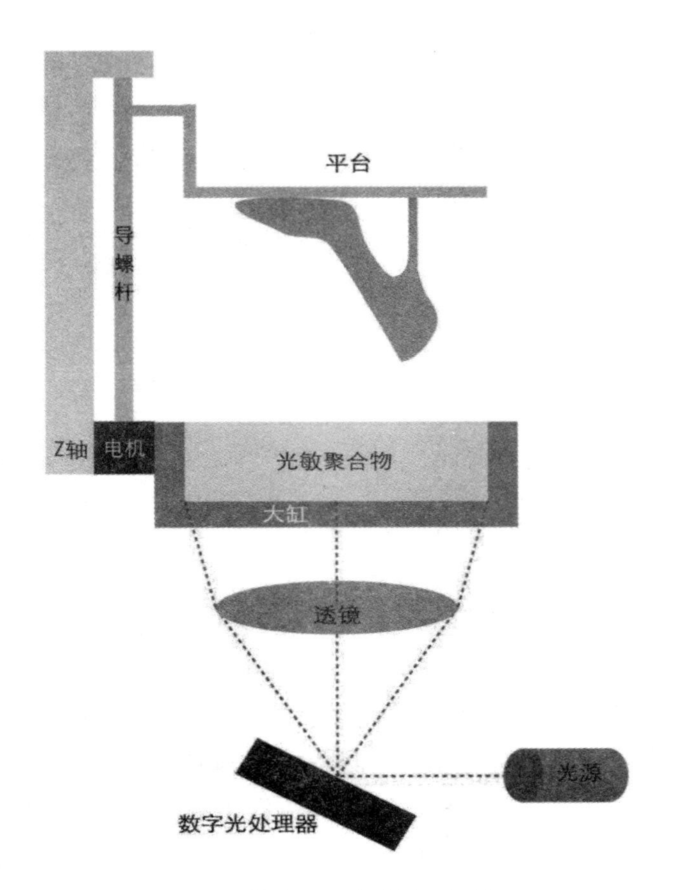

图 1-6　数字光处理成型原理图

1.3.7 其它3D打印成型技术

3D打印技术在其近30年的发展历程中不断创新，演变出了许多不同的技术，它们的不同之处主要在于更换不一样的高能源光源、使用新的控制系统，控制光源走向，控制机电系统、新的材料喷射方式，打印头控制、新的成型材料、新的粘合技术等等。其它3D打印成型技术及其类型与所使用的基本材料如下表所示：

类型	累积技术	基本材料
线	电子束自由成型制造（EBF）	几乎任何合金
粒状	直接金属激光烧结成型(DMLS)	几乎任何合金
	电子束熔融成型（EBM）	钛合金
	选择性激光融化成型（SLM）	钛合金、钴铬合金、不锈钢、铝
	选择性热烧结成型（SHS）	热塑性粉末
粉末状	石膏 3D 打印 、生物 3D 打印	石膏、骨头
液态、半液半固状	生物 3D 打印	细胞、活性材料
软质、溶胶类	溶胶 3D 打印、软质 3D 打印	溶胶、发泡、纳米材料
气状	气体 3D 打印、气溶胶 3D 打印	气体、气溶胶材料

1.4 常见的3D打印机机体结构简介

3D打印机由机体组件、控制组件、运动组件和加热组件构成。主要部件包括电源、机体框架、机械轴、控制系统和电路、打印头、打印平台、挤出机。其中，不同的机体框架使得打印机的结构存在差异，三角形和矩形框架是各类打印机常用的机体结构；机械轴由X、Y、Z轴运动部件组成，主要类型有三种，分别是直角坐标型、三角爪型和舵机转动型。直角坐标型和三角爪型使用笛卡尔坐标系、舵机转动型的XY面采用极坐标系。直角坐标型的X、Y、Z轴互为直角，由控制电路驱动步进电机进行X、Y、Z轴向定位；三角爪型的X、Y轴向定位是通过三角函数映射到三个爪的确定位置上；舵机转动型因XY面采用曲线坐标系，其控制程序代码和笛卡尔坐标系不同。下面对当前常见的几种机体结构作简要介绍。

1.4.1 三角型结构

三角形具有稳定性，因此三角型结构的机体架构在稳定性方面具有明显优势，而且这种架构的机器成本相对较低。图1–7所示的机械结构就是一种典型的三角型结构。其机身的两个相对侧边分别是一个三角形，三角形的底部放置热床。Z轴与机身两侧边三角形平面平行，X轴在Z轴向两个步进电机构成的平面上活动，打印的过程中热床会带着物体沿着Y轴前后移动。此种结构的优点是结构简单、组装和维修都比较方便；由于机体结构两边都是开放的，即使丝杆、光轴两头有多余的量也不会影响整体结构，因此对丝杆、光轴的切割精度要求不高。但是其机体的制作精度较低，如果需要更高的精度需要在调试上花费较多力气。

图 1–7 3D打印机三角形结构示意

1.4.2 矩形盒式结构

矩形盒式结构的机器是整个3D打印发展历程中较为完整的，

普及面最广。这种机器的打印平台沿Z轴移动，XY轴的移动由打印头完成。由于打印平台上的物体不会有XY轴方向的移动，因此物体在打印过程中不会发生移位，减轻打印头的重量有助于提高打印速度和打印精度，其结构如图1-8所示。矩形盒式结构的打印机在打印精度、打印速度和安装精度上比较有优势，但装配过程较为复杂，维修也有一定难度。

图 1-8　3D打印机矩形盒式结构示意

1.4.3 矩形杆式结构

矩形杆式机体结构X轴的运动由打印平台的前后移动完成，打印头沿Y轴运动，打印平台在打印的过程中沿Z轴移动，所以其XYZ轴的运动方式和三角型结构是一样的。杆式结构与打印平台的接触面积较小，所以将较重的步进电机放置在机身底部以降低整个机器的重心，其结构如图1-9所示。和三角型结构一样，矩形杆式结构结构简单，组装和维修比较方便，并且安装精度也较高。

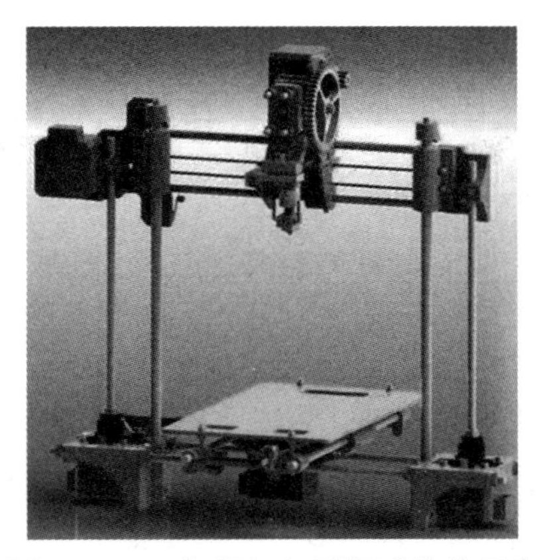

图 1-9 3D打印机矩形杆式结构示意

1.4.4 三角爪式结构

三角爪式结构的机械复杂程度比传统的直角坐标系结构简单，但固件比较繁复，其结构如图1-10所示，由于其XY轴坐标通过三角函数映射到三条垂直的轴上，因此这种结构对打印头的重量要求比较高。并且这种结构由于要容纳爪的长度，Z轴方向的体积比较大。这种结构的打印速度较高，安装过程比较简单，维修也比较方便；缺点是整机体积较大，固件的调试比较复杂。

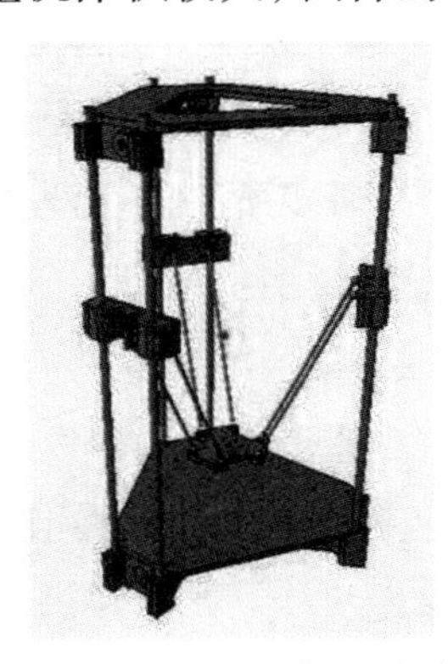

图 1-10 3D打印机三角爪式结构示意

1.5 国内外3D打印发展现状简述

美国和欧洲在3D打印技术的研发及推广应用方面处于领先地位。美、欧发达国家、日韩和中国等国家都先后制定了3D打印的发展战略。

全球金融危机爆发以来，美国政府提出的“新经济战略”，目的使美国经济转向可持续的增长模式，即出口推动型增长和制造业增长，要让美国回归实体经济，重新重视国内产业，尤其是制造业的发展。这就是美国的“再工业化，再制造化”战略，也称“重振美国制造业”发展战略。为此，总统奥巴马提出了一系列发展方案，曾多次强调3D打印的重要性，将3D打印列为11项重要技术之一，把其和机器人、人工智能并列为美国制造的关键技术，并提出成立由15 个制造创新的研究院组成的制造创新网络，每一个研究院主要致力于具有广阔应用价值的前沿新技术的研发。2012 年8 月在俄亥俄州的扬斯敦成立了国家增材制造创新研究院，这也是创新网络的第一个研究院。联合研发机构、高等院校、制造商，引进大量人才从事研发生产，这是一个产学研结合的机构。美国成为全球率先在国家层面上推动3D打印技术和产业的快速发展的国家。随后美国多所一流大学在3D打印上都有深入的研究，包括生物打印、创新型材料研究，工业和消费类3D打印机以及细分金属材料研究等。

欧洲也十分重视对3D打印技术的研发应用。由于欧洲的工业基础扎实，科技创新和人才优势明显，在3D打印领域的研发也较早，尤其是工艺技术、研发投入、人才基础、产业形态、材料等领域都比较强。以德国EOS、 瑞典ArcamAB、英国RepRap公司为代表的企业更加注重3D打印技术在高端制造业、生物医疗等领域的实际应用。欧洲航天局（ESA）和美国航天局（NASA）一样，也在积极探索3D打印技术在太空的应用。2012年，ESA进行了一项研究“针对太空应用的通用零部件加工–复制工厂”的项目，着重使用高分子和金属材料开发国际空间站所需的可替换部件。

目前日本和韩国的3D打印技术及应用也处在消费级和专业级领域，在高端领域的发展也受制于材料技术、3D打印技术的制约。为了提高日本在3D打印领域的竞争力，日本政府也对3D打印产业在财政上给予大力支持，成立”3D打印机”研究会，日本经济产业省启动了开发高水准3D打印机的国家项目。政府拨款用以实施“以三维成型技术为核心的制造革命计划”，该计划分成“新一代工业3D打印机技术开发”和“超精密三维成型系统技术开发”两个主题。前一个主题以可以成型金属材料的3D打印机为对象，后一个以成型铸造模型的3D打印机为对象，该项目的开发除了成型装备外，还包括新型粉末材料和实现后处理自动化的周边装置的开发。日本在3D打印领域更注重于推动3D打印技术的推广应用。韩国计划在2020年有1000万的人口掌握3D打印技术并进入3D打印行业，这对于总人口只有4000万的国家来说非常令人震惊。

我国从上世纪九十年代起开始研发3D打印技术，已经有了长达20多年的探索和积累，国内各高校、研究机构以及企业已经取得不错的研究成果，研发出光固化、金属融敷、陶瓷成型、激光烧结、金属烧结、生物制造等类型的增材制造装备和材料，并在产业化上获得了一定的进展。但国产3D打印机在打印精度、打印速度、打印尺寸和软件支持等方面还难以完全满足广泛的商用需求，技术水平有待进一步提升；此外，直接利用3D打印制造产品最终部件，因材料的限制还需要一段时间的发展和技术积累。因此，我国也高度重视3D打印产业的发展，2013年4月，科技部公布的《国家高技术研究发展计划（863计划）、国家科技支撑计划制造领域2014年度备选项目征集指南》，首次将3D打印产业纳入其中；2015年2月，国家工信部、发改委、财政部研究制定了《国家增材制造产业发展推进计划（2015–2016年）》，根据计划提出的目标，到2016年，初步建立较为完善的增材制造产业体系，整体技术水平保持与国际同步，在航空航天等直接制造领域达到国际先进水平，在国际市场上占有较大的市场份额；2015年5月，国务院发布了《中国制造2025》规划，其中5处提到了3D打印，并将其列为要突破的10个重点领域之一。

1.6 3D打印耗材简述

3D打印技术的兴起和发展，离不开3D打印材料的发展，不同的应用领域所用的耗材种类是不一样的，所以材料的丰富和发展程度决定着它是否能够普及使用。目前可用的3D打印材料种类已超过200种，如果把这些打印材料进行归类，可分为石化产品类、生物类产品、金属类产品、石灰混凝土产品等几大类，在业内比较常用的有以下几种：ABS 塑料类、PLA塑料类、亚力克类材料、尼龙铝粉材料、陶瓷、树脂、不锈钢、其他金属——银、金和钛金属（钛金属是高端3D打印机经常用的材料，例如用来打印航空飞行器上的构件）、彩色打印材料。但是现有的各种打印材料对应于现实中纷繁复杂的产品还远远不够。

工业级3D打印机主要使用光敏树脂、类ABS材料、复合材料等拥有不同强硬度，柔韧性的材料，金属材料将成为工业发展的趋势之一，而粉末制备是3D打印材料技术的一个难点，3D打印材料的进步将直接影响3D打印技术进步的快慢，能够为航空航天、医疗设备等高端市场所使用的高标准3D打印材料的核心技术主要为欧、美发达国家的厂商所掌握，因为没有行业标准，使得3D设备厂商将材料和设备形成强关联性，尤其针对高端应用领域的诸如光敏聚合物材料、金属粉末材料、生物材料等更是如此，材料价格相当昂贵，我国自主研发的某些金属材料等价格也不菲。

1.7　3D打印发展趋势和总结

世界工业强国纷纷将3D打印作为未来产业发展新的增长点加以培育，制定了发展3D打印技术和产业的国家战略和具体推动措施，力争抢占未来科技和产业制高点。因此未来3D打印行业将不断出现新的成型工艺和成型技术，可用材料持续拓宽，3D打印与传统技术相结合更紧密，应用更广泛。产品创新速度会更快，创客将大量涌现，定制化生产将成为常态。

不同种类的细分3D技术和工艺在未来都有自己的独特发展趋势、发展前景和应用场合，不同的3D打印成型技术在不同条件下发挥的作用各不相同、不能完全相互替代，在不同的发展阶段会展示出各自的利弊及用武之地，而各自的优势对比会在时间的推演中动态变化、和而不同。

随着技术的推广与应用的逐步普及，3D打印设备、材料、行业规则和产品细化标准将逐步制定出台，3D打印产业链的专业分工将逐步完善，3D打印也将转化为更有普遍意义的工具平台，3D打印在工业领域的应用将获得较快的发展，成为现代制造工艺的补充和完善。

综上所述，3D打印机不仅降低了立体物品的制造成本，还激发了人们的想象力和创造力。未来3D打印机的应用将会更加广泛。3D 打印技术最突出的优点是无需机械加工或任何模具,就能直接从计算机图形数据中生成任何形状的零件,从而极大地缩短产品的研制周期,提高生产率和降低生产成本。这项技术目前正迅猛发展,已越来越引起人们的广泛重视。

第2章　3D打印机组装与维护

2.1　3Dtakers桌面型打印机简介

Pony–1型号机器

基于FDM技术研发的Pony–1桌面型3D打印机，是面向消费类市场而开发，采用全金属结构设计，独立的可更换型机械运动部件，通过统一的电控设备进行三维驱动与加热控制，采用对人体安全的电压，机身设计简洁、性能完备、操作简便，特别适合学校、家庭和个人用户使用。

技术规格和性能指标：

1、工作条件

（1）环境温度：5–35℃

（2）相对湿度：≤80%

（3）工作电源：110–220V，50–60Hz±1Hz

2、设备技术指标

（1）输入电压：110–220V；电源输出：150W，24V；电机型号：混合式步进电机

（2）打印耗材直径：1.75mm

（3）打印耗材：PLA/ABS

（4）打印头孔径：不大于0.4mm

（5）打印技术：FDM技术

（6）设备接口：高速SD卡；操作模式：手动控制/SD卡

（7）定位精度（不低于）定位精度：Z轴0.005mm;XY轴0.012mm;分层厚度：0.1–0.4mm;

（8）轴向行程：X轴：130mm；Y轴：130mm；Z轴：130mm

（9）支持液晶屏、旋转按钮按键操控；支持SD卡离线打印

（10）支持K型热电偶，采用PID高精度控制温度变化

（11）显示：中文字幕液晶显示屏操作打印

（12）成型尺寸：120*115*130mm

（13）设备尺寸：305*310*310mm

（14）打印速度：40mm/s–120mm/s，建议使用80mm/s

本章以3Dtakers Pony–1桌面型机器为例，以上述技术规格和性能指标为依据，详细介绍桌面型3D打印机的组装和维护知识。

2.2 3D打印机的组装

本节将对3Dtakers的Pony–1 3D打印机的组装过程进行详细介绍，主要包括机架结构与传动模块的组装、线路模块的组装、打印头模块的组装与出料调试、平台模块的组装与水平调试以及整机调试等。

2.2.1 机架结构与传动模块组装

图 2-1　L型钣金正视图

机架结构是整个3D打印机组装的基础架构，各个模块的组装都依赖于机架。机架是由各个钣金构成的，每块钣金上面都有许多用于固定组件的螺丝孔。图2-1到图2-3是整个3D打印机中比较重要的三块钣金，我们将其中一些比较重要的螺丝孔进行了标注，供安装者参考。安装箱清单见附录。

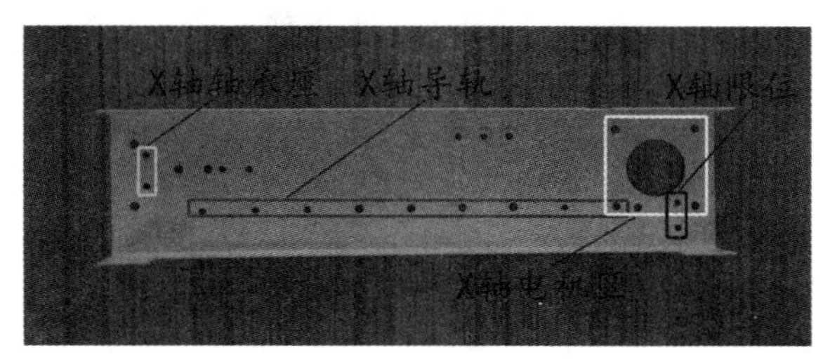

图 2-2　X轴钣金俯视图

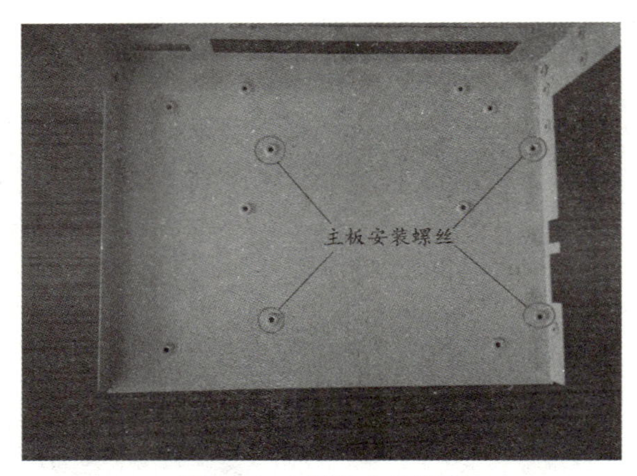

图 2-3　L型钣金俯视图

第一步：导轨滑块装配

导轨滑块装配需要的材料为L型钣金和四条导轨以及螺丝若干，L型钣金和导轨如图2-4所示。

图 2-4　L钣金与四条导轨

1.用吸油纸或纸巾将导轨的防锈油去除。

2.在导轨与钣金接触面一侧均匀涂抹润滑油。

3.使用电钻拧螺丝，调节电钻为低速档4或6。将导轨固定在钣金上时先拧导轨两端螺丝，防止拧螺丝过程中导轨位置偏移。

X轴、Y轴和Z轴导轨滑块装配所需的螺丝型号和数量如下表所示：

轴	螺丝型号	螺丝数量（颗）
X	M3*6	6
Y	M3*6	8
Z	M3*6	17

4.导轨正面涂抹少量润滑油并抚平。导轨和滑块安装完成的效果如图2–5所示。

图 2–5　导轨和滑块安装效果

需要注意的是，在装配过程中，滑块珠子严禁掉落，以免影响机械性能。

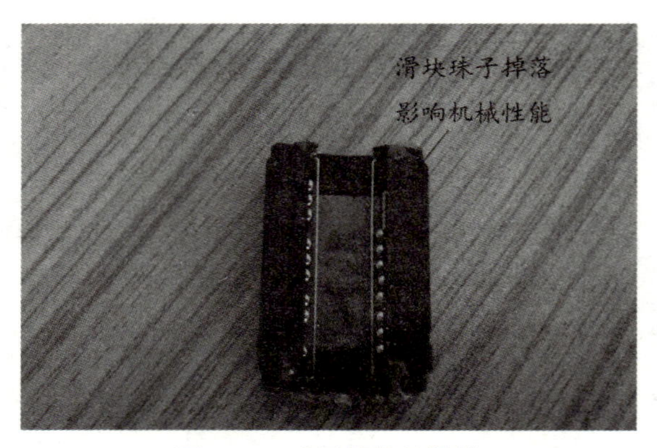

图 2–6 珠子掉落的滑块

第二步：轴承组件装配

一个轴承组件包含的部件为一条皮带、一个轴承座、一个同步轮、一个插销和两个轴承，如图2–7所示。

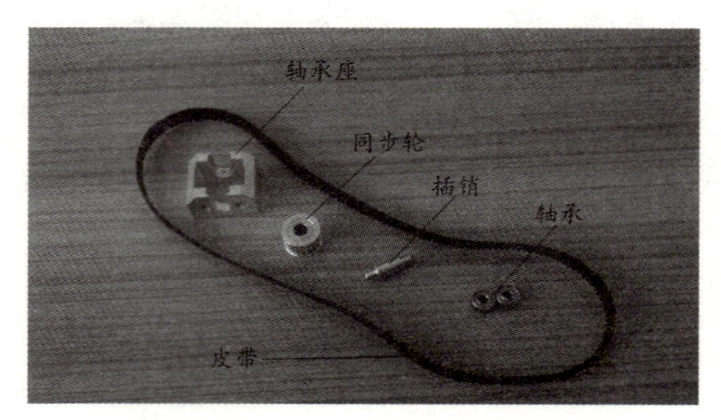

图 2–7 轴承组件材料图

轴承组件组装步骤如下：

1.将插销插入同步轮的孔中；

2.在插销两端装上轴承；

3.把组装好的同步轮、插销和轴承连同皮带放入轴承座当中；

4.将轴承座的螺丝孔对准L钣金上的螺丝孔（L钣金上的轴承座螺丝孔见图2-1）拧上螺丝（螺丝型号为M3*6）。

注意事项：工装插销时，插销挡片一侧应与螺丝孔同侧，且垂直工装，这样可以减少废品率，具体见图2-8，2-9。Z轴轴承座要用高温胶布包裹与限位接触一侧，如图2-10。

图 2-8　插销挡片与轴承座螺丝孔

图 2-9　轴承座组件装配完成图

图 2-10　Z轴轴承座高温胶布包裹

第三步：电机装配

X、Y、Z轴的电机型号依次为DJ204D、DJ204D和DJ206D；

图 2–11 XYZ轴的电机

电机拧螺丝时各轴所需螺丝和小线扣的型号及数量如下表所示：

表1

配件 数量（颗） 轴	螺丝		小线扣
	M3*6	M3*8	
X	3	1	1
Y	3	1	–
Z	3	–	–

第四步：皮带固定件安装

皮带固定件安装所需螺丝型号及数量如下表：

表2

型号 数量（颗） 轴	M3*4	M3*5	M3*6	M3*7	M3*8
X	2	2	2	–	–
Y	2	–	2	–	2
Z	2	4	2	2	–

1、将X托固定在X轴滑块的孔洞上，用皮带夹固定皮带，皮带夹上的六颗螺丝型号如图2-12所示。

2、将横条与X钣金上的螺丝孔对齐，拧上M3*6螺丝。如图2-13所示。

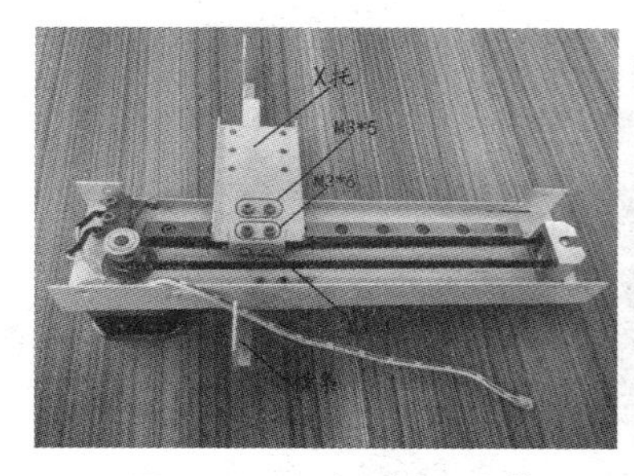

图 2-12 固定X托和皮带　　　图 2-13 安装横条

3、将X 轴钣金通过X夹和皮带夹固定在Z轴主动导轨和从动导轨的滑块孔洞上，拧上相应型号的螺丝，如图2-14所示。

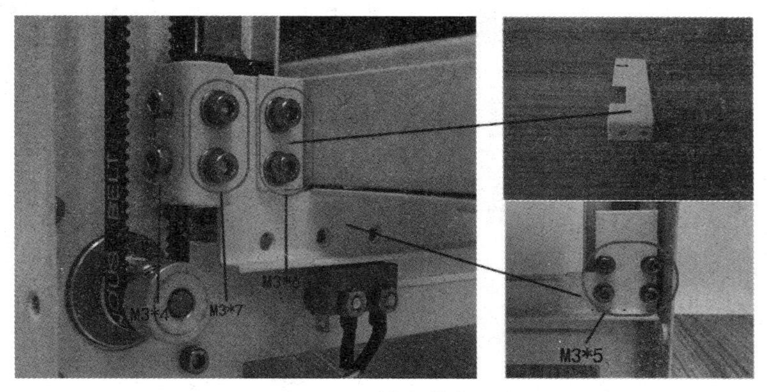

图 2-14　Z轴皮带夹固定

3.将打印头托固定在Y轴滑块孔洞上，用皮带夹固定皮带，拧上相应型号的螺丝，如图2–15所示。

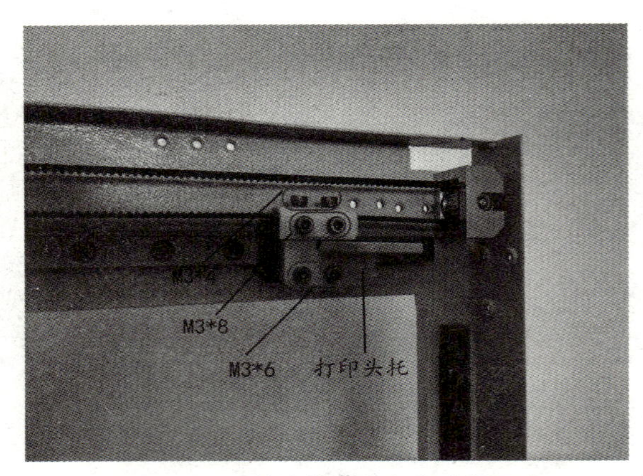

图 2–15　Y轴皮带夹和打印头托固定

第五步：限位装配

1. 焊接限位（接1.3线）X轴采用圆头限位，Y、Z轴采用平头限位；

2. 安装限位时各轴所需配件如下表所示：

表3

配件 数量（个） 轴	螺丝		红垫片	尼龙柱	普通螺母
	M3*16	半圆（M3*20）			
X	2	–	2	2	–
Y	2	–	–	2	–
Z	–	2	4	2	2

3. 将2颗M3*16的螺丝从限位有字的一侧穿过，在另一侧依次串上红垫片和尼龙柱，拧入X轴对应的螺丝孔中。图2–16（b）是

图2-16（a）的左视图。

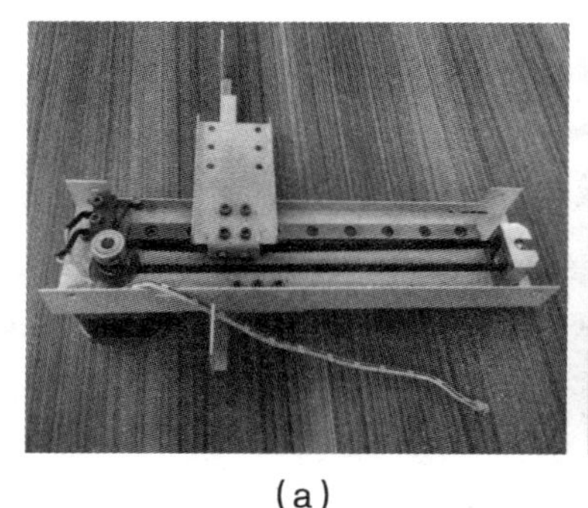

（a）　　　　　　　　（b）

图 2-16 X轴限位安装

4.将2颗M3*16的螺丝从限位有字的一侧穿过，在另一侧串上尼龙柱，拧入Y轴对应的螺丝孔中，Y轴限位线上需要包裹高温胶布，如图2-17。

图 2-17 Y轴限位

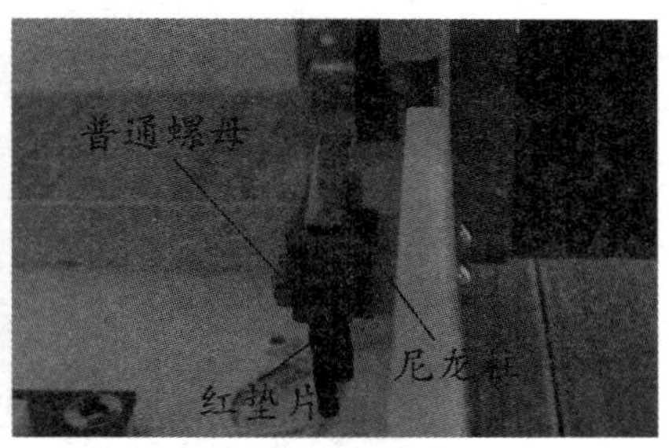

图 2-18 Z轴限位

5.将2颗M3*20的半圆螺丝从钣金一侧穿过，在另一侧串上尼龙柱和2片红垫片，拧入Z轴对应的螺丝孔中，另一侧用普通螺母固定，如图2-18所示。

2.2.2 线路模块组装

第一步：接线板安装

将2颗M3*10串入电机DJ接线板及尼龙柱，固定在L钣金螺丝孔中，如图2-19。

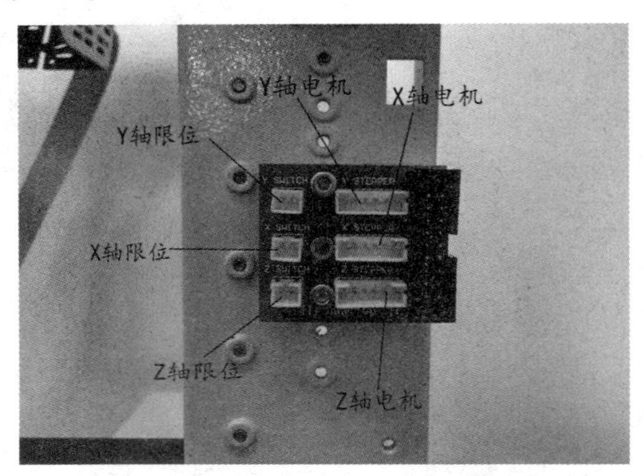

图 2-19　接线板安装

第二步：主板安装，如图2-20

图 2-20　主板安装固定

1.主板左侧上下两端分别固定1颗M3*6螺丝及2个红垫片。

2.主板右侧上下两端分别固定1颗M3*5螺丝及1个红垫片。

第三步：显示屏安装

1、将4颗M3*6螺丝分别串上一个红垫片将显示屏固定在顶盖钣金上，如图2-21。

图 2-21　安装显示屏

2、在正面旋钮柱上安放黑色旋钮，如图2-22。

图 2-22　安装黑色旋钮

第四步：接线及总体布线

1、连接X、Y、Z轴限位接线，DJ接线板上标注有各轴限位接线的端口名，分别为X switch、Y switch和Y switch，如图2-23；

2.依次连接X、Y、Z轴电机线，DJ接线板上也标注有各轴电机接线的端口名，分别为X stepper、Y stepper和Y stepper，如图2-24；

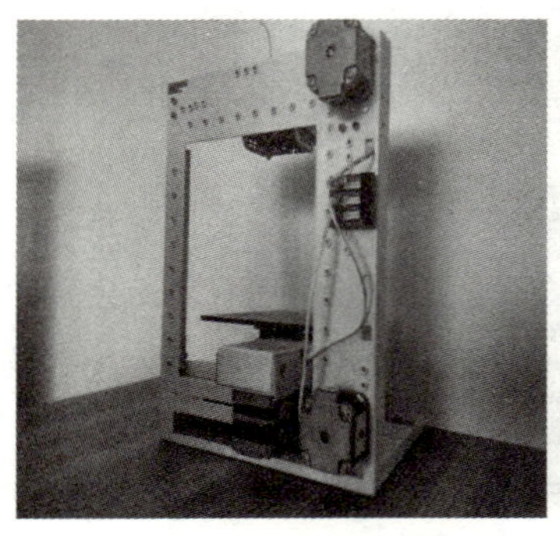

图 2-23 限位接线

图 2-24 电机接线

3.用DJ排线将DJ接线板与主板进行连接，如图2-25所示。

4.用PT排线将打印头与主板进行连接，如图2-26所示。

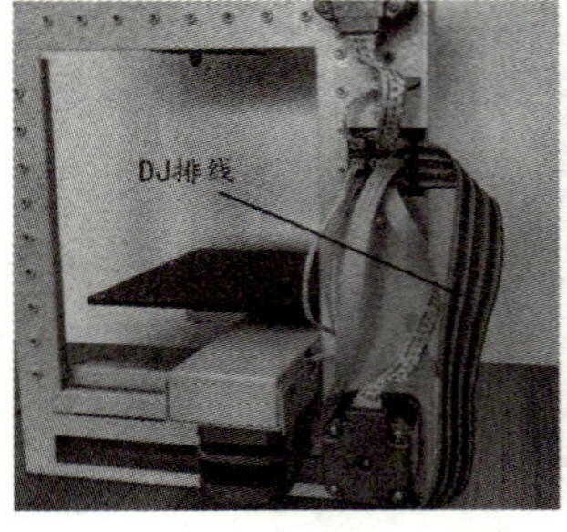

图 2-25 DJ排线连接

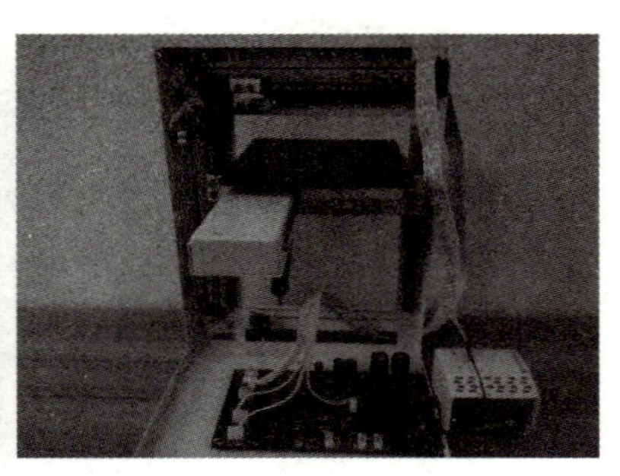

图 2-26 PT排线连接

5. 用XSP排线将显示屏与主板进行连接。如图2–27, 2–28所示。

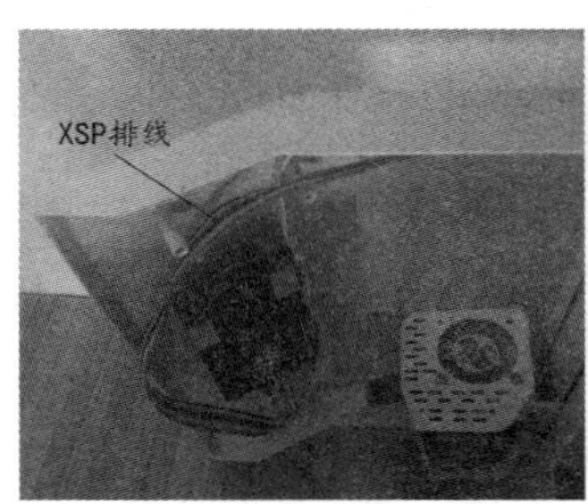

图 2–27 XSP排线连接

图 2–28 主板接线

6、在后盖钣金上安装电源插口并拧紧螺帽，依次装配开关按钮及4P电源插座，如图2–29。

图 2–29　后盖钣金安装电源

2.2.3 打印头安装及调试

打印头安装所需材料如下（图2–30）：

PT接线板、PT排线1.加热管、传感器、风扇、1065电机（修轴）、电机线、电机齿轮、进料块、铜块、铝块、喉管、喷嘴、高温胶水、导热硅胶、打印头盖、大螺母、1颗（M3*20）、2颗

（M3*35）、1颗（M3*30）、1颗小沉头螺丝、1颗组合（M3*8）、2颗平头（M3*20）。

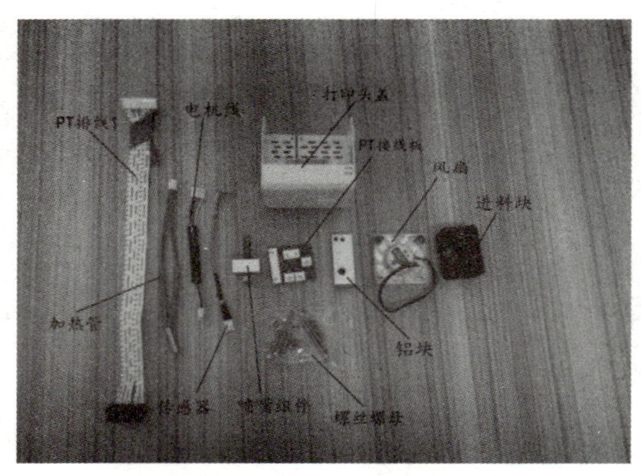

图 2-30　打印头安装所需材料

第一步：拿起铜块，拧紧底部的喷嘴和顶部的喉管，将加热管插入铜块中并用小沉头螺丝固定，传感器放置铜块有固定孔一侧用M3*8组合螺丝固定，如图2-31。

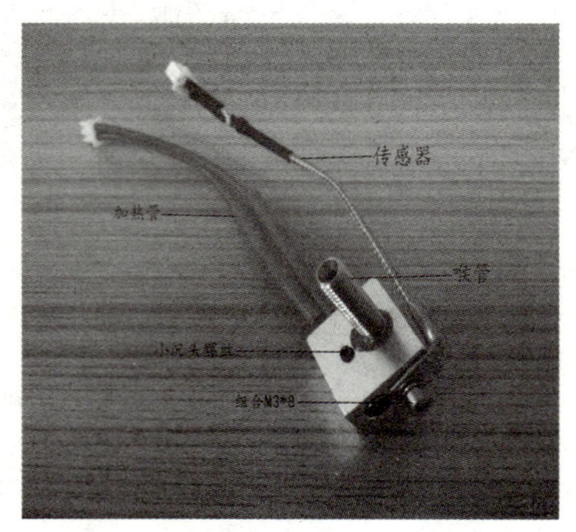

图 2-31　打印头加热管与传感器组装

第二步：在喉管的上部旋放大螺母，将铝块固定在喉管上，使喉管末端与铝块平面齐平，如图2–32。

图 2–32 铝块安装

第三步：将电机DJ106D与进料块固定，通过电机线连接至PT接线板，分别连接传 感器，加热管，风扇，PT排线，如图2–33。

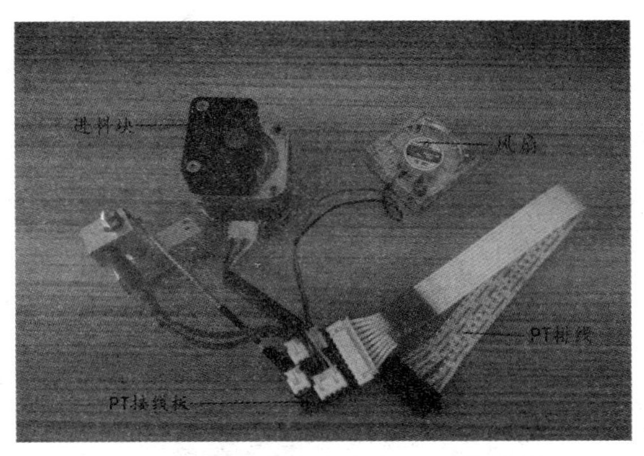

图 2–33 所有组件连接至PT接线板

第四步：将连接完成的各模块按照如图2-34进行摆放，一同放置于打印头盖钣金中。

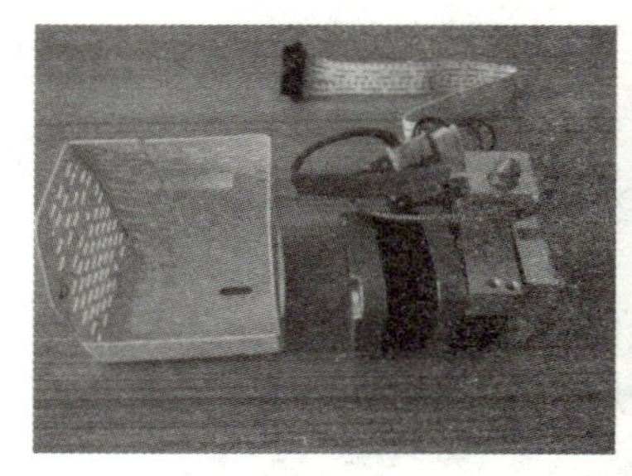

图 2-34　打印头组件组合摆放

第五步：进行出料调试。

2.2.4 平台模块安装及水平调试

第一步:将平台面板与平台支撑固定，用4颗M3*8螺丝拧紧，留意螺丝孔不要冒出平台平面，如图2-35。

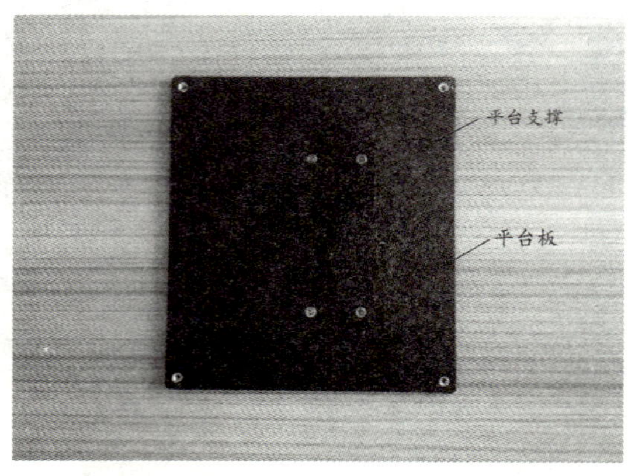

图 2-35　组合平台板与平台支撑

第二步：平台支撑与钣金X托采用3颗M3*10组合螺丝成三角形固定，如图2-36所示。最后分别盖上顶盖、后盖、前盖和底盖，打印机的安装基本完成，如图2-37所示。

图 2-36 平台支撑固定于X托上

图 2-37 安装完成

第三步：调整平台水平及进行水平调试。

2.2.5 打印材料安装

本步骤仅在打印耗材尚未装上打印机时进行。

安装流程：

①找到附件包中的材料架，如图（1）所示，扣进机器的右侧对应孔位上。将材料卷挂到材料架上，拉出一段耗材线料穿过材料架小孔和引料管子，将引料管子斜插入材料架小孔，再把线料插入机器打印头的进料孔约3cm，如图（2）所示：

（1）

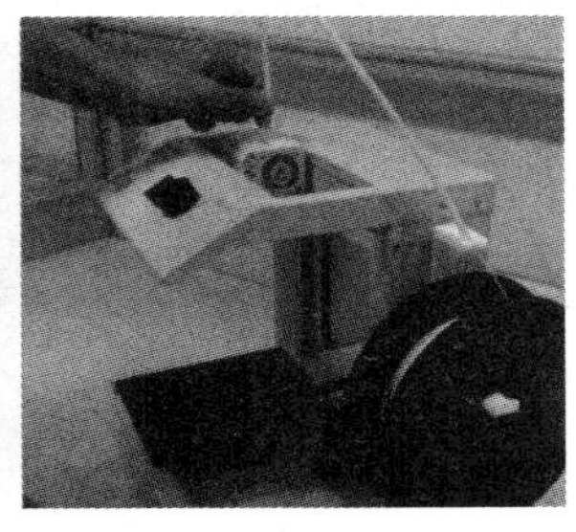

（2）

注意：耗材线料在打印头没有加热情况下，请勿强行插入进料孔太深。

②接好打印机电源并打开开关，按击控制按钮进入主界面，如图（3），向右旋转控制按钮移动光标到“控制”项并按击控制按钮，弹出下一级菜单，如图（4），选择“温度”项按击控制按钮进入再下级菜单，如图（5），选择“挤出头”（又称“打印头”）项按击控制按钮后向右旋转按钮将逐步增加打印头的设置温度，直到数值显示220，如图（6）所示，按击控制按钮后返回，机器开始加热打印头。然后向左旋转按钮移动光标到当前菜单根目录“控制”，按击控制按钮返回上一层菜单，逐层移动光标到根目录项，并按击控制按钮返回，直到从显示屏上可以看到升温进程，如图（ 7 ），所显示的“220° -217° ”表示打印头目标温度值/当前温度值。

③在当前温度值达到“220℃-220±5℃”时，方可进行下一步操作。按击控制按钮进入图（3）信息界面，选择“准备”项并进入其下一级菜单，移动光标到“移动轴”项，如图（8），按击控制按钮进入其下一级菜单，如图（9），选择“移动1mm”档进入“移动E”项操作，如图（10）所示，选择“移动E”按击控制按钮，屏幕显示如图（11），向右缓慢旋转控制按钮驱动打印头电机慢慢将耗材进入打印头，每次增加“+010.0”，不能一次性数值增加过多以致于人为造成碰头堵料，反复执行此操作，直到喷嘴开始出料并吐出一段材料，如图（12），表示打印材料安装完成。

此外，若要退出材料，操作方式与进料类似。先执行上述②步骤，然后在③步骤中对“移动E”项操作，先向右旋转控制按钮，吐出一小段耗材，然后向左旋转控制按钮直至把材料抽出机器打印头的进料孔，即先“吐料后退料”以避免打印头堵料。

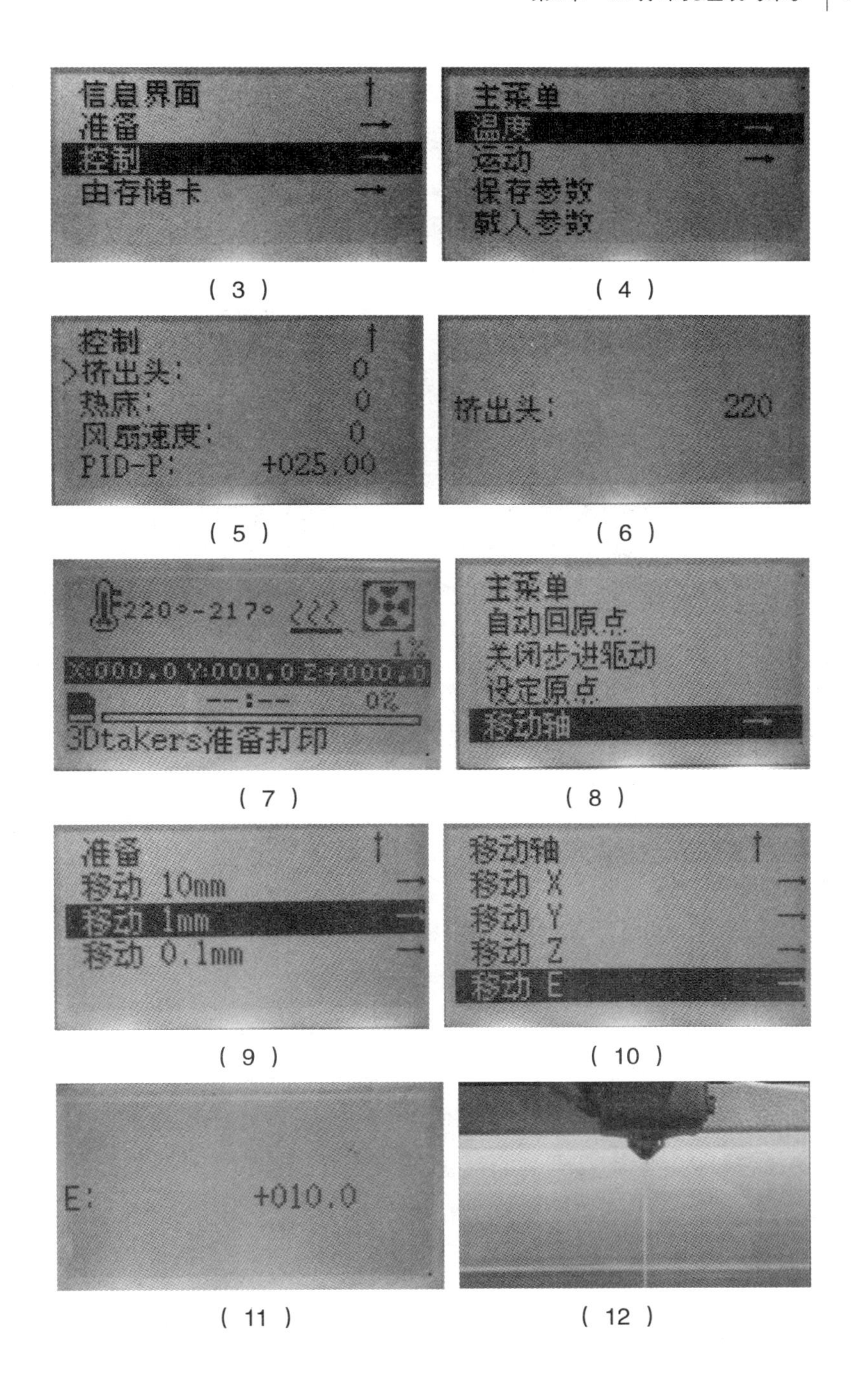

（3）（4）

（5）（6）

（7）（8）

（9）（10）

（11）（12）

2.2.6 整机调试

1.打印物体

（1）如下图（13）所示，将SD卡插入打印机的SD卡接口，按如图（14）所示，装好打印垫板。

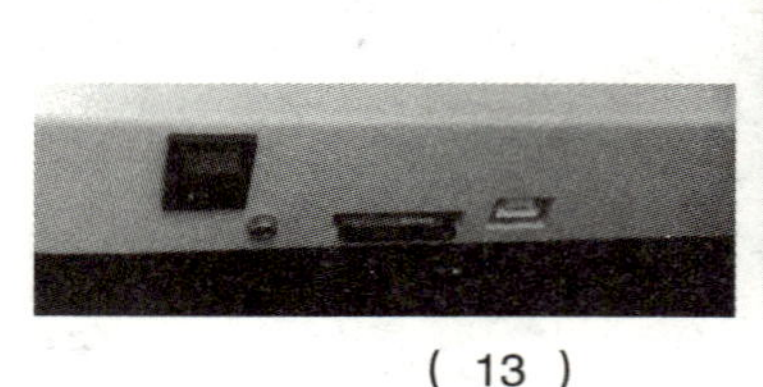
（13）

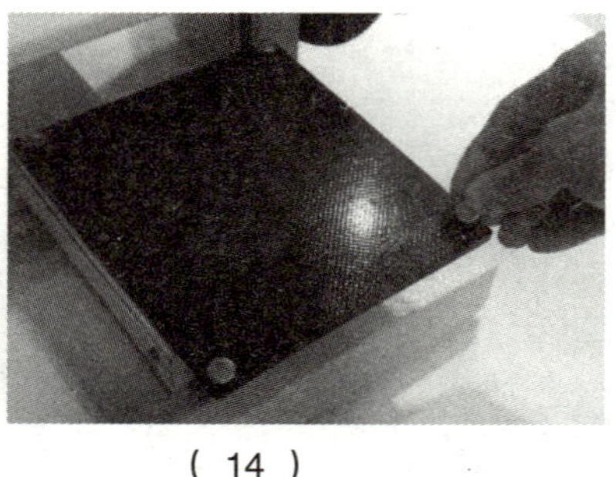
（14）

（2）将适配器接到外部电源（电压要求：220V），另一端插入机器底座后面接孔内，打开机器开关。

（3）按击控制按钮，机器显示屏弹出信息界面，如2.2.5中的图（3），旋转控制按钮，移动光标到“准备”项，按击控制按钮进入下一子菜单，选择 “自动回原点” 并按击按钮，使打印平台自动归位等待打印。注意：每次打印模型前都需要自动回原点。

（4）旋转控制按钮,移动光标到“主菜单”，按击控制按钮返回图（3）信息界面，选择“由存储卡”项并按击控制按钮，然后在SD卡上选择用于测试平台原点设置参数的打印模型文件3Dtakes.gcode，再按击控制按钮，如图（15）,机器进入打印工作状态，等待机器打印头预热直到其当前温度接近目标温度时，开始自动执行打印过程,打印结果如下图（16）所示。

(15)

(16)

注意事项说明：

（1）如果打印环境的室温≧28℃，并且要长时间连续打印，建议配备空调。

（2）如果您要打印的模型在打印垫板上的接触面积比较大（即接近于x、y方向的最大成型尺寸），建议用随机附件里配备的小夹子夹住打印垫板与打印托盘，如下图（17）所示，（使用四个夹子或两个夹子），以保证打印过程的稳定性。

（3）如果在打印中途要取消当前模型的打印，只要按击控制按钮进入如图（18）所示界面，选择“停止打印”，将取消对当前模型的打印，机器自动执行回原点动作后处于等待状态。如果您选择了打印模型文件后，在机器进行加温的进程中您又选择“停止打印”，此时不会立即执行停止动作，需等待机器继续加温直到开始执行打印的瞬间才会停止。

（4）如果在打印中途要暂停打印，只要按击控制按钮进入如图（18）界面，选择“暂停打印”，就暂停对当前模型的打印，此时打印打印头仍保持继续加热以随时接受“继续打印”指令，其中暂停时间上限为6小时。

（5）在打印过程机器执行了“停止打印”或“自动回原点”等

操作后，打印平台会处于锁定状态而无法前后拖动，若要拖动平台需进入“准备”子菜单，如图（8）所示，选择“关闭步进驱动”功能并按击控制按钮以解除对打印平台的锁定状态。

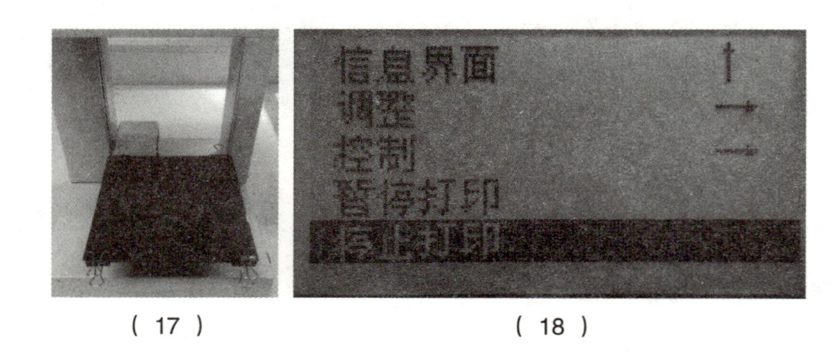

（17）　　（18）

2.调整打印平台原点设置参数

如果打印平台原点设置正确，则原点数值同机器左侧“配置参数”一致，该步骤无需每次执行。否则，按如下步骤进行验证和调整：

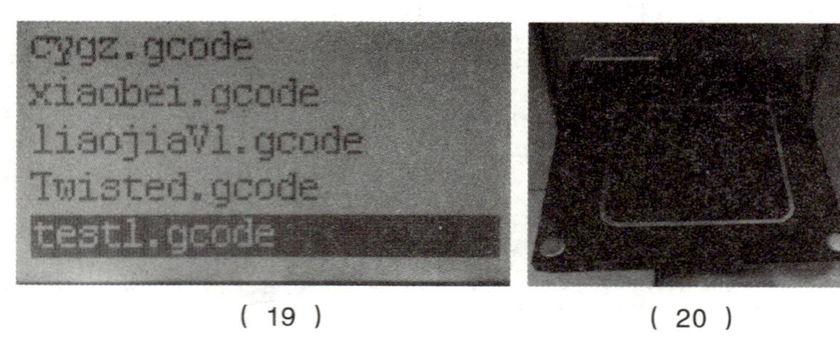

（19）　　（20）

如果打印出来的正方形四条边都能紧密地黏结在打印垫板上，说明打印平台的原点设置参数正确，可以正常进行模型打印。否则，必须微调打印平台原点设置参数，具体操作步骤如下：

①清除刚打印在打印垫板上的残留线料后，重新装上打印垫板。

②回到机器显示屏信息界面图（3），选择“准备”项并进入其下一级菜单，移动光标到“设定原点”项，如图（21），按击控制按钮进入其下一级设置菜单，如图（22），其中的“+0006.1”表示当前Z值在基数125mm的基础上再增加6.1mm，即131.1mm。要调整z值只需选择“原点Z”后按击控制按钮，并向右逐步旋转控制按钮，屏幕上可以看到Z值逐步递增的进程，Z值递增的幅度应根据图（20）所示的打印结果而定。通常情况，只要微调0.1–0.5mm即可满足要求。当调整过量时，打印头与平台会产生碰撞，此时应及时停止调整，降低调整的数值。确定Z值后，返回图（22）界面并选择“刷新原点”功能并按击控制按钮，机器将自动将修改后的原点z值保存，机器自动执行“自动回原点”动作后返回到图（7）界面。这时您可以从显示屏上看到新设置的z轴原点参数值。下次开机时系统将以新的参数作为初始值。针对新的z轴原点参数值，重复上述步骤进行打印测试，直到打印结果如图（20）所示。

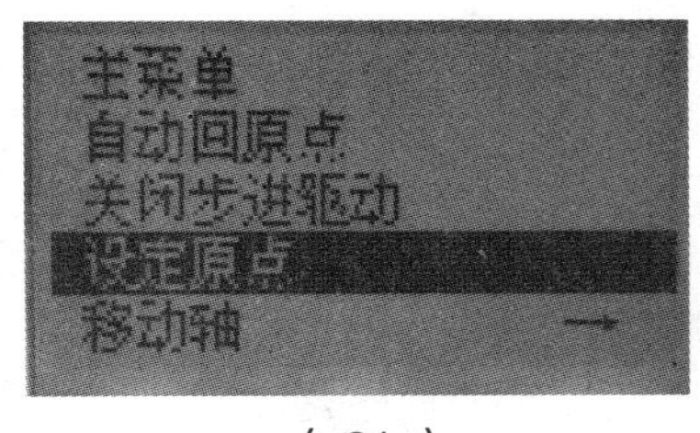

（21）

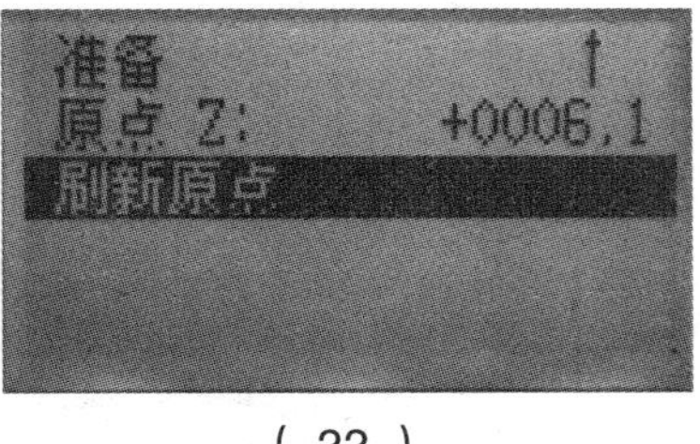

（22）

备注：打印垫板有若干孔洞，起粘连材料固定模型的作用，采用粘贴美纹纸也可起到相同作用，并可去除模型底部颗粒，但需要注意打印垫板贴上美纹纸之后，原点数值需在原数值基础之上算术减去“0.4–1.0mm”（依据美纹纸厚度不同调整），即原点基数为125.0mm，“+0006.1”需改为“+0005.1”—“+0005.7”。美纹纸粘贴方法如图（ 23 ）所示：

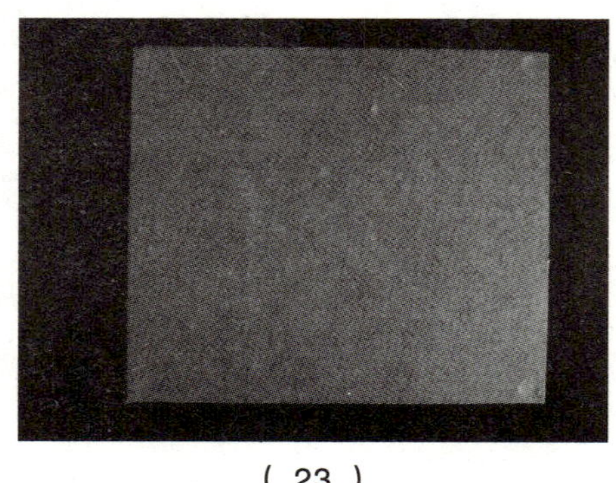

（ 23 ）

2.2.7 取下打印的物体

模型打印完成后，拿开打印垫板四角的四个磁性固定片或小夹子后取下打印垫板，如图（24）示：

（ 24 ）　　（ 25 ）

用小盆装好80–100℃适量热水，抓住打印好的物体将打印垫板浸泡在热水中，让热水刚好漫过垫板并持续约30秒（模型大些的可以适当延长10-20秒的浸泡时间），如上图（25）所示，从小盆中拿出物体后，一手抓住垫板另一只手抓住物体稍微用力即可取下物体。如下图（26）所示：

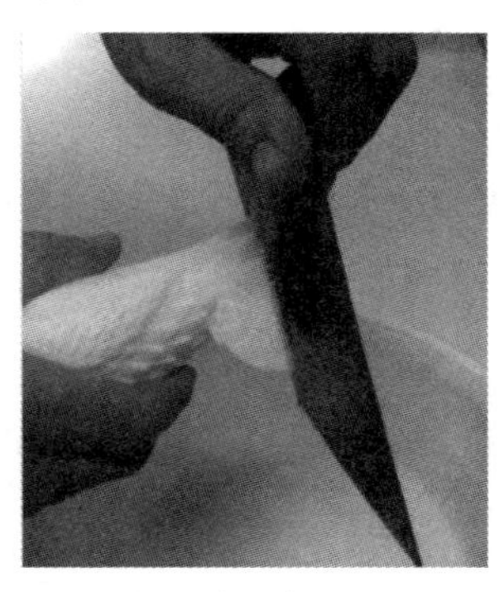

（26）

取下物体后用手抓住打印垫板甩干垫板孔内遗留的水分，然后再用清洁布擦干垫板，以便下次使用。

2.3　3D打印机的维护

2.3.1 常见问题与解决方案

问题1：操作3D打印机时最头痛的问题，就是平台不水平或轴微微弯曲，这样造成材料与平台不容易粘合，第一层总是无法打印，或打印几层后出现翘边现象。

可按下面步骤调整平台：

1.将打印平台清理干净或者将它稍稍调高一点。

2.用一块不掉毛的绒布加上一点点外用酒精或者一些丙酮指甲油清洗剂将平台表面抹干净（丙酮可以在五金店找到，使用它前要认真阅读说明书）。

3.调整平台高度，让平台贴近喷嘴。

4.翘边是因为机器打印空间温度过低，可适当调高机器打印温度。

问题2：打印完成的模型很难从平台上取下来。

眼看3D打印成品大功告成，但从平台上拔下来时很紧。这个问题是由于机器打印空间温度过高，此时使机器打印空间冷却几分钟后再用配置的工具取下成品即可。

注意：打印完之后如果强行取下成品，可能造成成品变形或者灼伤手部。强行掰开会损坏平台精度。

问题3：温度就是升不上来。

检查加热棒的引线和延长线之间的压接套是否存在接触不良的问题，或者更换一个加热棒进行尝试。

问题4：LCD上显示 Err:MINTEMP/Err:MAXTEMP，温度显示0℃或260℃。

1.出现MIN时，依次检查热敏电阻的引线和延长线之间的压接套是否接触不良、传感线是否接错或是否发生断路，最后检查整机的接线是否正确。

2.出现MAX时检查加热棒，查看加热棒的引线跟延长线之间是否出现问题。如果是漏接或断接问题，把线重新接好。若接好后问题没有解决就直接更换加热棒。

问题5：在第一层画小圆的时候小圆会被打印头带走。

出现此种情况时请尝试按照以下方法进行改善：

1.挤出头与打印平台的距离稍微调近一点。

2.打印温度尝试再提高10度。

问题6：3D打印机在打印过程中突然中断打印。

首先，排除断电的情况，如果是断电引起的，确保打印时不断电。其次，用USB线连接电脑打印时，先排除电脑故障，如死机、休眠等，确保打印过程中电脑正常。如果电脑没有故障，检查USB线是否带磁珠，如果有，需消除电磁干扰。通常建议使用SD卡打印。另外，中断后查看打印头温度，如果显示温度为加热状态下的温度，有可能是电源功率不够。若尝试几次之后问题仍然没有改善，就需要更换打印机电源。

问题7：如何打印精细的小模型。

1.打印速度不是越慢越好，30mm/s是保证打印精度的合适速度。

2.小模型不用加支撑，如果模型悬空部分不长，则可以通过喷嘴的移动速度和吐丝打印出来的，加支撑对于小模型来说反而更难处理。

3.小而精细的模型比较难处理，FDM拉丝和镂空支撑部分会不光滑。

建议：因为处理起来难度大，所以最好不要打印过于精细的小模型。

问题8：接通电源后，机器没反应。

此问题可按以下步骤逐步进行故障排除：

1.检查各部位线头是否松动，接好有松动的部分，通电测试。

2.检查电源插口是否损坏，若损坏更换后通电测试。

3.检查电源是否损坏（注意电源电压）。检查标准：若确定电源插口无损后主板指示灯在通电后仍无反应，则认为电源损坏，更换新的电源进行测试。

4.若上述步骤无问题，通电后主板仍无反应，则判断主板损坏，建议更换主板后测试。

问题9：打印过程中出现失步现象。

造成失步的原因与解决方法如下：

1.打印速度过快，适当降低X轴和Y轴电机速度；

2.皮带过松或太紧，适当调整皮带固定件上螺丝的松紧度。皮带过于松动，则将螺丝适当拧紧一些，太紧则适当调松一点；

3.机械阻力过大。机械阻力过大处理比较麻烦，需要在断电的情况下手动移动打印头（左右移动）和平台（前后移动），并在移动过程中用记号笔标注感觉到有明显阻力的位置。然后检查与标记对应的皮带位置是否出现磨损或扭曲现象，如果有则更换磨损的组件。

4.电流过小也会出现电机失步现象。如果是因为电流过大或者电流过小可以改变电流大小，我们可以通过配置文件进行修改。

问题10：步进电机抖动，不正常工作。

步进电机线序接错，调整线序即可。调整方法为将相应电机接线端口处紧靠的两根线对调，对调A+/A-接线或B+/B-接线即可。

问题11：怎样简便正确地换材料。

一般打印结束之后会有一段耗材留在打印头内，首先将Z轴下降50mm，然后加热喷嘴到设定的温度（例:PLA 220° C）后进料，进料深度大概100mm。再将打印头里面存留的线材吐出来（注意不要用力塞、拔），当里面存留的线材出来后再重新引入新线材。

问题12：平台中间突出。

可以用以下方法解决：

1.利用打印软件，将所要打印模型底部加上平铺层。

2.加大第一层厚度，使模型可以更好的粘贴到平台上。

3.更换一个平台。

问题13：打印产品表面不光滑。

首先检查打印材料是否有问题，材料质量差或者里面含有杂质，会使打印出来的产品表面不光滑。其次喷嘴里面混有杂质将导致出丝不光滑。如果材料质量没问题，就是喷嘴内部加工达不到要求，出现毛糙，需要更换喷嘴。

问题14：打印过程中拖丝，黑丝

拖丝属于温度过高或者是软件参数配置里面没有设定打印回抽选项，设定好合适的参数就不会出现拖丝现象。如果拖丝是温度过高所致，需要降低温度。黑丝为打印材料在喷嘴里面停留过久所致。

问题15：挂平台

挂平台是指打印过程中，平台在上下移动时出现卡壳现象。解决办法如下：

首先要保证平台是在X、Y、Z三轴都归位正常的情况下进行调节的，此处建议调节平台时多试几次Z轴归位，以保证Z轴不出现假归位现象。当确定三轴归位正常且平台距离喷嘴1mm后，还出现挂平台现象，这种情况检查生成模型代码里是否有Z轴偏移值。如果以上两种情况都正常，则不会出现挂平台现象。

问题16：模型粘不到工作台

存在此现象的原因有：平台不水平、温度设置不合理、耗材质量有问题、初始层间距不对等。解决方法如下：

1.调整打印平台使其相对于打印头水平。

2.一般打印机都有热床的功能。ABS的热床温度在40到60度之间；PLA热床温度为35度80度之间。

3.耗材的材质很重要，打印温度因耗材厂家的不同而有所不同。对于杂质较多的耗材，打印温度相对较高。

4.打印的第一层很重要。如果在参数设置时设置的喷嘴尺寸和初始层厚度不成正比，材料不容易粘在平台上面。

问题17：打印模型错位

1.切片模型错误。并不是每一个数字模型都百分之百适合于打印机解析软件，模型切片的位置不同得到的切片效果也不同。当打印错位时首先考虑将模型重新切片，更换切片位置，让软件重新生成GCode打印。

2.数字模型问题。若多次更换切片位置重新生成模型后打印错位问题仍然存在，且在使用测试模型进行打印试验后效果正常，则修改数字模型。

3.打印过程中喷嘴被强行阻止路径。首先打印过程中不能用手触碰正在移动的喷嘴。其次如果模型图打印最上层有积削瘤，则下次打印将会重复增大积削，积削瘤的硬度达到一定程度后会阻挡喷嘴的正常移动，使电机失步导致错位。

4.电压不稳定。打印错位时观察是否有大功率电器在打印过程中断电导致电压不稳定。如果有，给打印电源加上稳压设备。如果没有，观察是否每次喷嘴走到同一点都出现行程受阻。喷嘴卡位后出现错位，一般是由于X、Y、Z轴电压不均。调整主板上X、Y、Z轴电流使其通过三轴电流基本均匀。

5.主板问题。若上述问题都解决不了错位，而且打印任何模型都总是在同一高度出现错位，则更换主板。

问题18：打印精度和理论有较大差距

1.打印完成的模型表面有积削瘤，可能存在以下问题：

（1）喷嘴温度过高，耗材熔化过快导致流动积削溢出打印外层。

（2）耗材流量太大。切片软件都有耗材流量设置，一般默认值为100%，此时将耗材流量降低到80%再打印。

（3）耗材限径没有设置而出错。切片软件里有耗材限径，每个开源软件默认值不尽相同，一般耗材有1.75mm和3.00mm两种。使用1.75mm耗材在软件里限径为“1.75”，3.00mm耗材在软件里限径为“2.85/2.95”。

2.FDM打印经过支撑处理后表面光滑度一般比较差，可按以下方法调整：

（1）打印支撑可以在3Dtakers里调试。调试支撑密度，尽量把支撑密度调小，10%为合适值。加大支撑和模型实体的距离，便于拆除支撑。

（2）拆除支撑后支撑表面的打印效果往往不是很理想，可以用打磨工具稍微修整，然后用毛巾沾丙酮擦拭处理。注意戴手套，擦拭时间不宜过长以免影响模型外观和尺寸。

3.工作台和喷嘴距离不合适。

距离较大,打印第一层不成型，没有模型的棱角边框;距离较小，喷嘴不出丝，磨损喷嘴和工作台。打印前必须调整好喷嘴和平台的距离，距离为刚好通过一张名片为佳。

4.打印耗材差异。

随着3D打印日益成熟化，市场上FDM打印耗材也逐渐丰富起来，各种新奇颜色，各类材料添加让用户眼花缭乱。但是耗材和打印机的适配性是特别重要的，选择耗材需要依据与打印机的适配性而定。

问题19：电机共鸣声

电机共鸣声是打印机在工作中出现的噪音，产生的原因有两种，分别为共振和机械阻力过大。解决方法如下：

1.出现共振是因为机械配合件配合不到位，需要调整配合件。

2.在断电的情况下，手动移动打印头，如果移动到某个位置感觉到有明显的阻力，就用记号笔标注一下位置，然后检查此标记位置是否出现磨损或扭曲现象，如果有更换磨损件。

问题21：断耗材

断耗材主要由以下原因造成：

1.挤出器卡太紧或参数设置错误。挤出器卡太紧会把耗材顶出痕迹来，一旦产生打滑的现象容易断耗材。参数设置过大挤出器送料快也会把耗材挤断。

2.耗材质量。部分质量不合格的耗材很容易断掉。

3.温度。通常PLA和ABS 两种耗材气温的变化使耗材也有了不同程度的变化，冬天气温较低建议全封闭打印机，有空调尽量开启暖风。

解决方法：

通常出现耗材断裂时，3mm的耗材用打火机把耗材两端烧熔对接，1.75mm的就要把耗材快速的插入到送料管道内，或者停止打印，再重新启动打印程序。

2.3.2 打印头堵料故障排除

问题1：挤出头不能顺利挤料，甚至被卡住。

挤出头没办法顺利挤料，可能是因为电机转向不正确，也可能是由于挤出头堵塞，可以尝试按以下步骤解决：

1.通过操作软件把打印头关闭，再移开打印头离开打印中的模型。

2.把原料从打印头上扒开，防止进一步堵塞。

3.清理喷嘴残留的塑料。

4.启动打印头，等打印头里面的材料融化后挤出。

5.把新材料耗材接入打印头。

注意：在执行的时候一定要先把原料从打印头上拔开，并且要在开启打印头加热情况下进行，否则会导致堵塞更加严重。若无法解决，建议更换打印头。若挤出头挤料没多久就会卡住，可能是因为挤出头挤丝电机上的齿轮与轴承之间间隙太大，此时旋紧挤出头的调节螺母即可;也可能是因为挤出头挤丝电机扭矩太小，那么尝试降低挤丝电机速度或者增大挤丝电机电流。

问题2：打印过程中不出丝。

解决办法：

1.手动检查料盘盒里的丝是否被缠绕住了。

2.打印头电机温度过高导致出丝效果不好或者不出丝，关闭电源冷却电机，减小电机电流。

3.若是打印头里面有杂质导致不出丝，则通打印头或者更换打印头。

问题3：挤出器打滑。

挤出器（俗称送料器）打滑的原因与相应解决方法如下：

1.堵料。参照问题1解决方法。

2.参数设置。参数设置很重要，设置的参数值过高则喷嘴挤丝速度过快，出料慢就会出现咔咔的打滑声；参数设置值过低则打印出来的模型会粘接不好，一碰就断。一般减速电机用的都是42减速电机而减速比是 1：5.2 。打印3mm耗材设置是370 ，打印1.75mm耗材设置是420。 3D打印机耗材需要修改配置文件，根据挤出器电机减速比和送耗材齿轮齿数换算得出结果进行修改。

第3章　3D打印设计

3.1　3D打印设计概述

三维模型文件作为3D打印的打印文档，主要通过三维建模软件设计、三维扫描仪数据采集、互联网平台下载等方式获取。但是，如果要将个人虚拟的想象或者创意得以呈现，就必须具备使用三维设计软件进行模型设计的能力，尤其是创意设计的能力，然后以三维数字化模型文件方式予以表现。

结合3D打印技术的产品设计，可以将基于传统工艺的设计上升为基于功能的设计，其设计理念可以对传统工业设计的薄弱环节进行补充，在个性化定制产品开发过程中不可或缺；3D创意设计可以将设计师的创新理念与生产制造融合为一体，设计出挖掘受众潜在需求的新产品，能够为企业降低开发成本，改进产品质量，提升竞争力发挥重要作用。

因此，要具备3D打印设计能力，就必须掌握三维设计的方法。本章以案例的形式将三维设计的常用技巧进行介绍，同时还对使用3D打印机制作物品所应该注意的设计事项做了简要阐述。

3.2 3D打印设计案例

案例一、绘制圆柱体

立体图形的绘制是三维设计最基础的内容，本案例以圆柱体的绘制为例介绍三种绘制立体图形的基本方法，学习者可以根据自己的喜好以及习惯选择适合自己的绘制方式。

方法一：

第一种方法是最快捷的方法，在设计软件提供的基本立体图形中选择一个圆柱体并将其拖拽到绘制模型的工作区中，根据实际需求修改圆柱体的参数即可得到所需要的圆柱体。

方法二：

1. 在设计软件提供的基本图形中选择圆形并用鼠标将其拖拽至工作区，按照实际需求设置圆形的参数得到所需的圆形。

2. 使用拉伸命令将圆形沿着垂直于圆的方向拉伸成的圆柱体。

方法三：

1. 将基本图形中的矩形拖拽至工作区，将长宽设置为40×8，如图3-1-1所示。

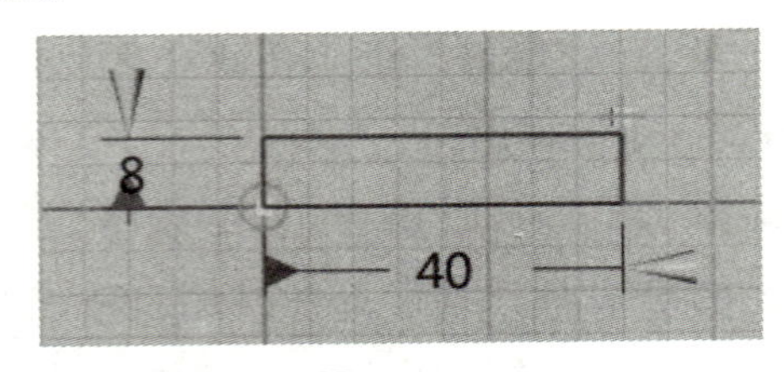

图 3-1-1

2. 选择旋转命令并将一条边设置为旋转轴。如图3-1-2所示的旋转轴为长度为8的一条边。

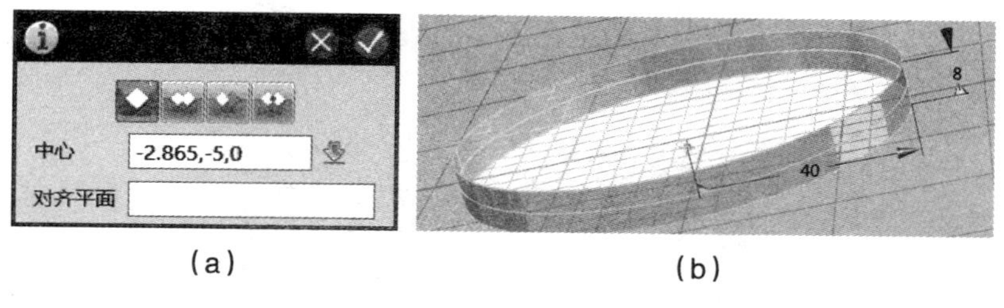

(a) (b)

图3-1-2

以上三种方法所得到的圆柱体如图3-1-3所示。

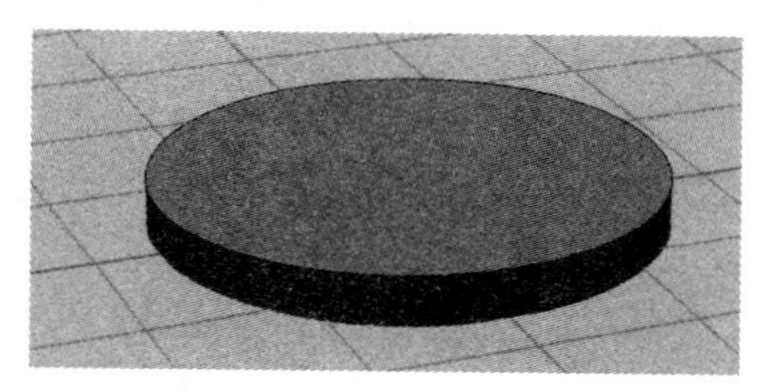

图 3-1-3

案例二、文字设计

在案例一中分别使用从基本实体中获取、拉伸圆形和旋转矩形这三种方法得到圆柱体模型，案例二将在案例一所设计圆柱体的基础上使用文字设计功能设计一个名牌。

1. 选择草图绘制命令组中的预制文字命令，在圆柱体的上表面编辑文字，设置字体与大小。参数设置如图3-2-1所示。

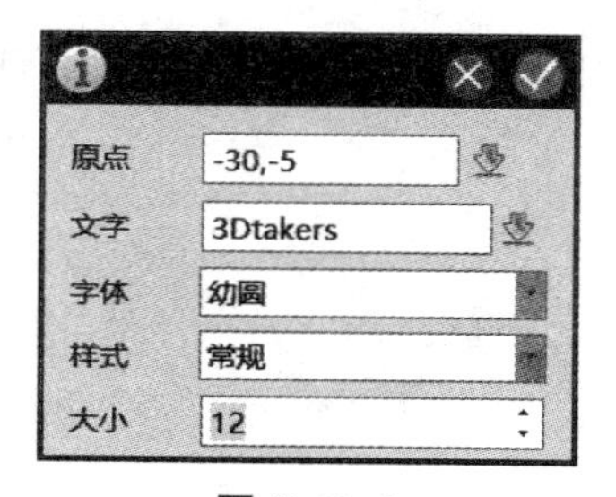

图 3-2-1

2. 点击所写文字，其左下角将出现黄色十字，拉动它并调节文字的位置。

图 3-2-3

3. 点击完成按钮，在特征造型命令组中选择拉伸功能键来调节文字的高度。如图3-2-4所示。

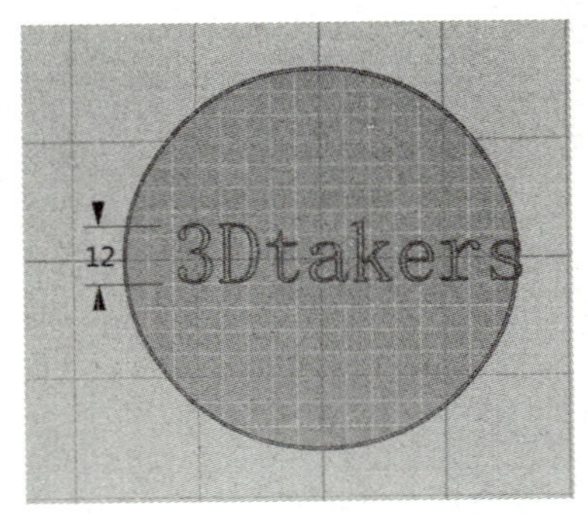

图 3-2-4

4. 设计完成的名牌如图3-2-5所示。

图 3-2-5

案例三、光的传播模型

1. 选择草图绘制命令中的直线命令绘制多条线段，如图3-3-1所示。

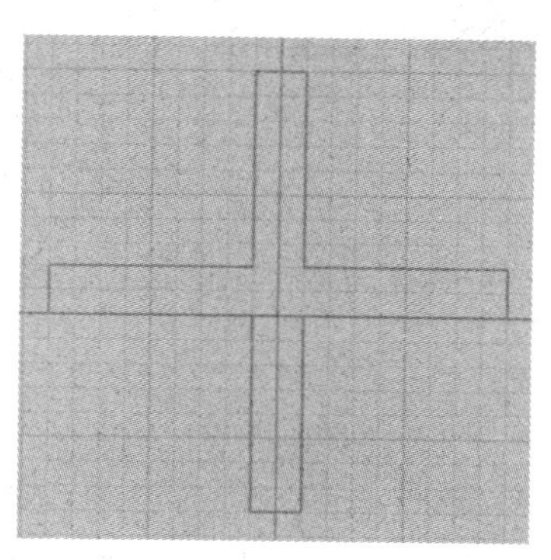

图 3-3-1

2. 选择特征造型命令组中的拉伸命令，参数设置如图3-3-2（a），拉伸后的效果如图3-3-2（b）所示。

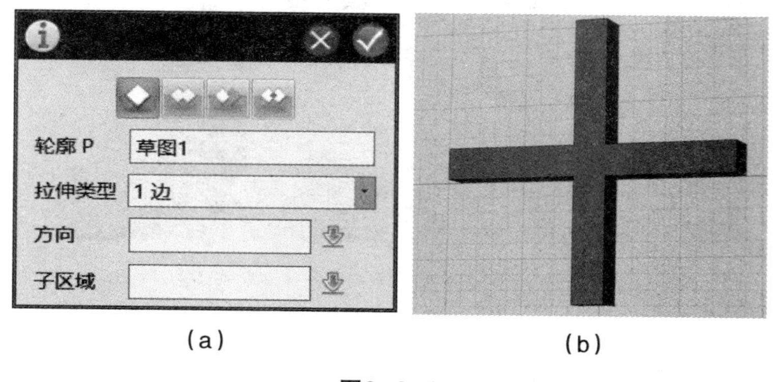

（a）　　（b）

图3-3-2

3. 点击草图绘制命令组中的圆形命令，绘制半径为2.5的圆。

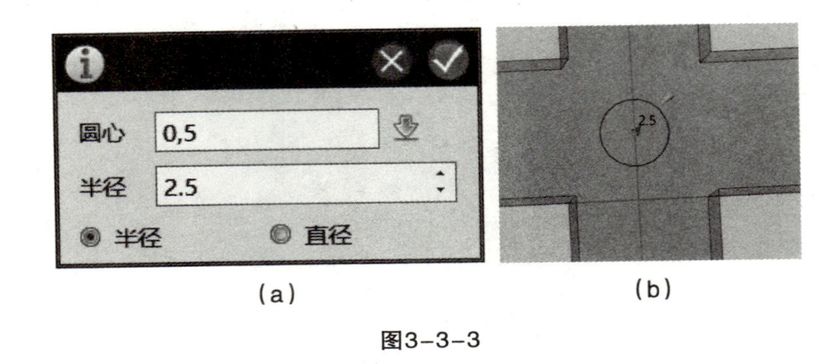

(a) (b)

图3-3-3

4. 使用拉伸命令将圆形拉伸为圆柱体，拉伸前后的效果分别如图3-3-3（a）和（b）所示。

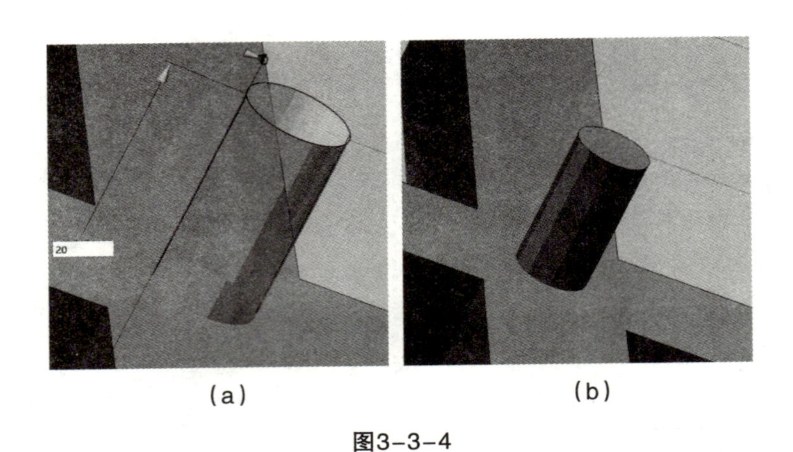

(a) (b)

图3-3-4

5. 绘制光线，选择草图绘制命令组中的多线段命令进行绘制。绘制完成的效果如图3-3-5所示。

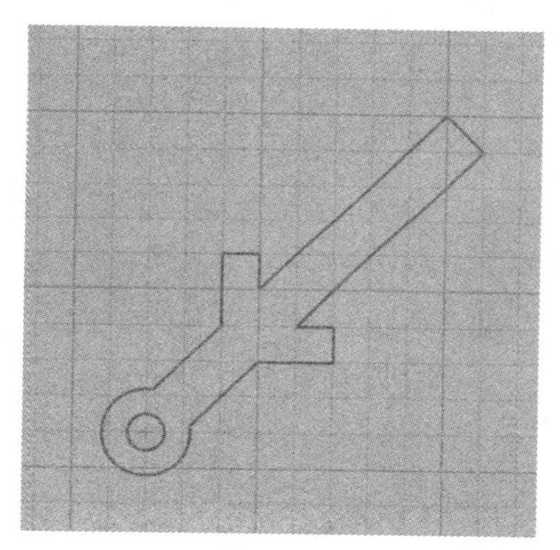

图3-3-5

6. 全选草图后的状态如图3-3-6所示。

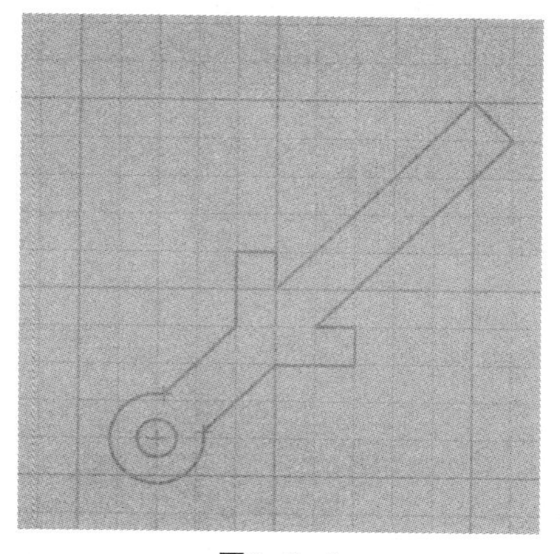

图3-3-6

7. 使用快捷键Ctrl+C和Ctrl+V进行复制粘贴得到的效果如图3–3–7所示。

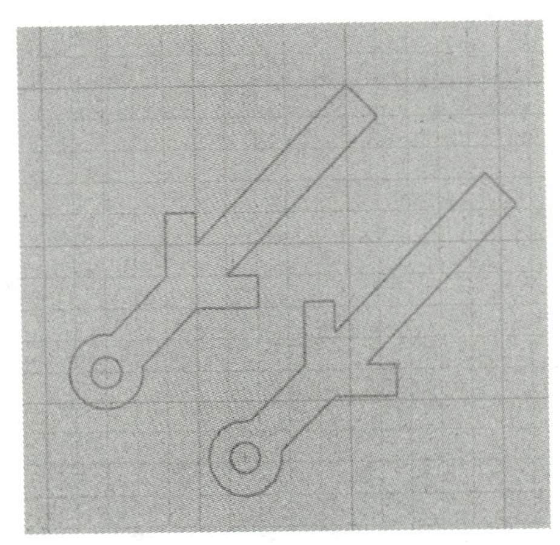

图3–3–7

8. 删除圆得到效果如图3–3–8所示。

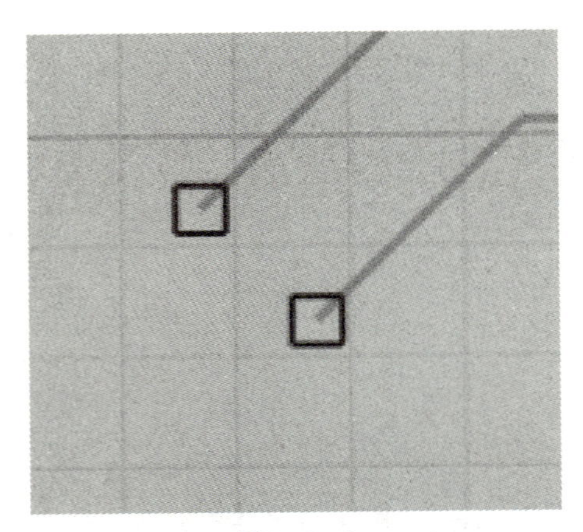

图3–3–8

9. 在另一边绘制圆，如图3–3–9所示。

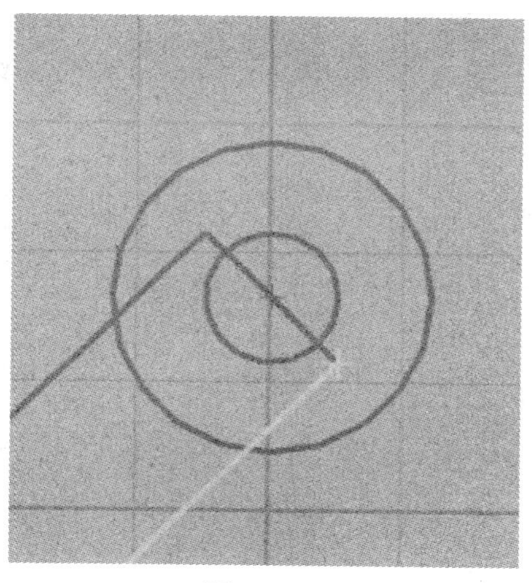

图3–3–9

10. 在草图编辑命令组中选择单击修剪命令修剪掉不需要的直线，得到如图3–3–10所示的效果。

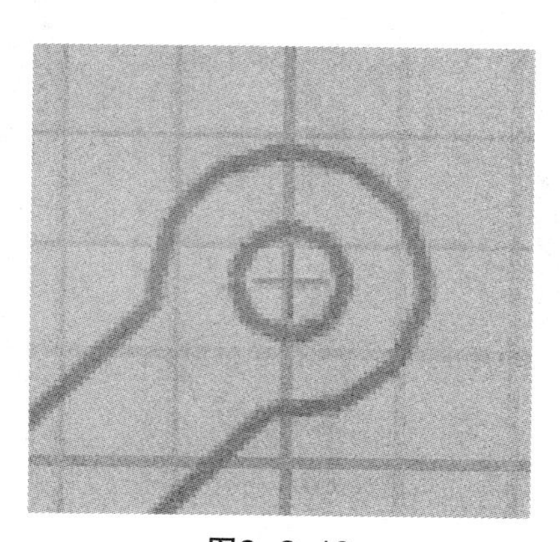

图3–3–10

11. 完成草图的绘制得到草图如图3-3-11所示。

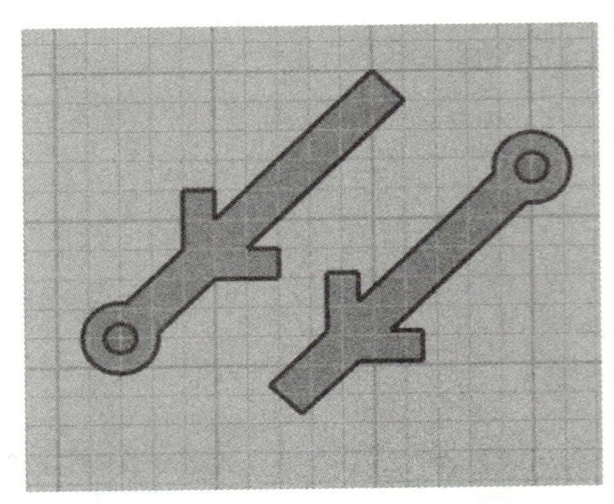

图3-3-11

12. 选择特征造型中的拉伸命令对草图进行拉伸。

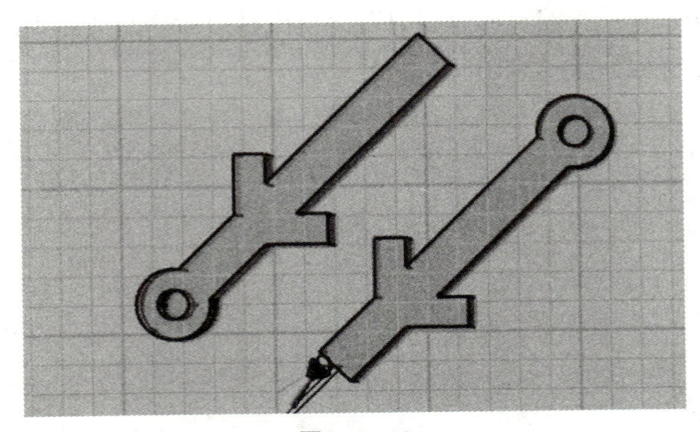

图3-3-12

13. 将以上设计的三个模型组合即得到光的传播模型，如图3-3-13所示。

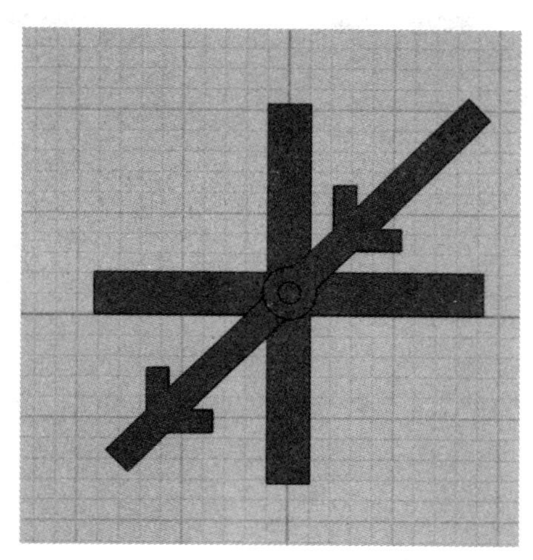

图3-3-13

案例四、绘制苯分子模型

1. 选择绘制草图命令组中的圆形命令，绘制半径为10的圆。如图3-4-1所示。

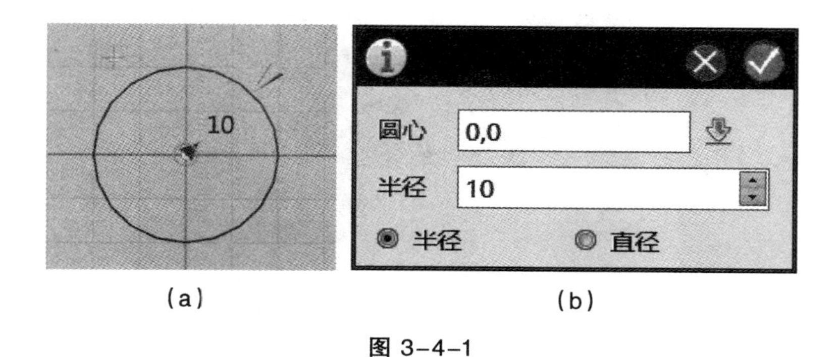

(a)　(b)

图 3-4-1

2. 点击完成按钮完成草图，效果如图3–4–2所示。

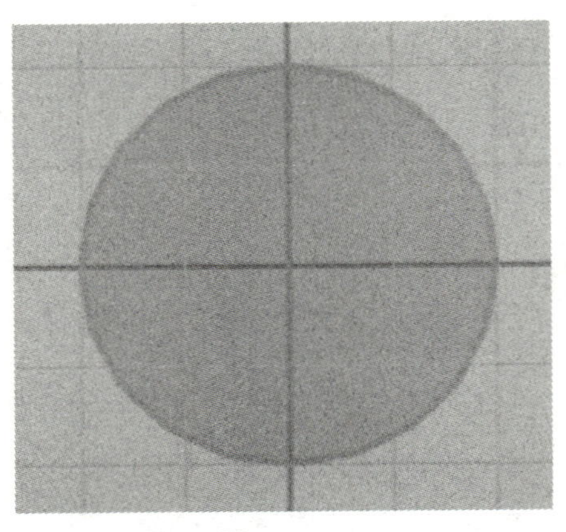

图 3–4–2

3. 选择特征造型命令组中的拉伸命令将圆拉伸为圆柱体。如图3–4–3所示。

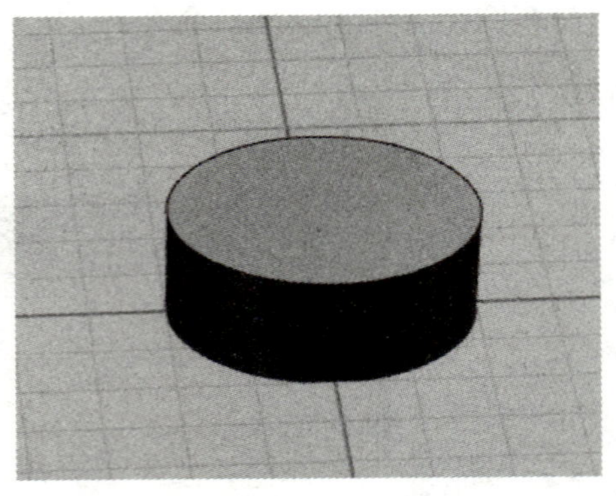

图 3–4–3

4. 选择草图绘制命令组中的矩形绘制命令，在圆柱体的上表面绘制矩形。如图3-4-4所示。

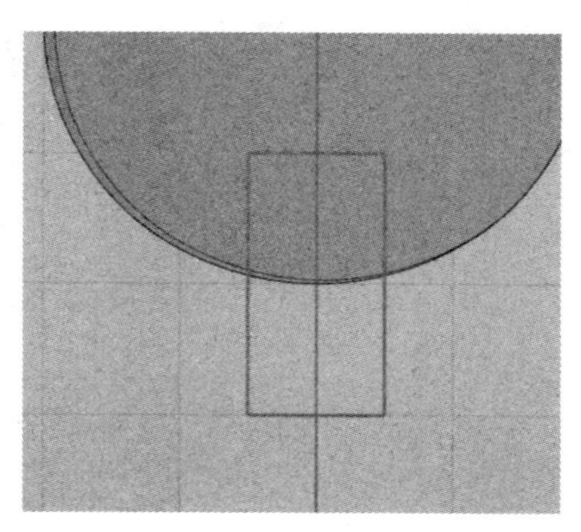

图 3-4-4

5. 选择基本编辑命令组中的阵列命令，选中矩形作为阵列的基体，参数设置如图3-4-5（a）所示，参数设置完成后效果如图3-4-5（b）所示。

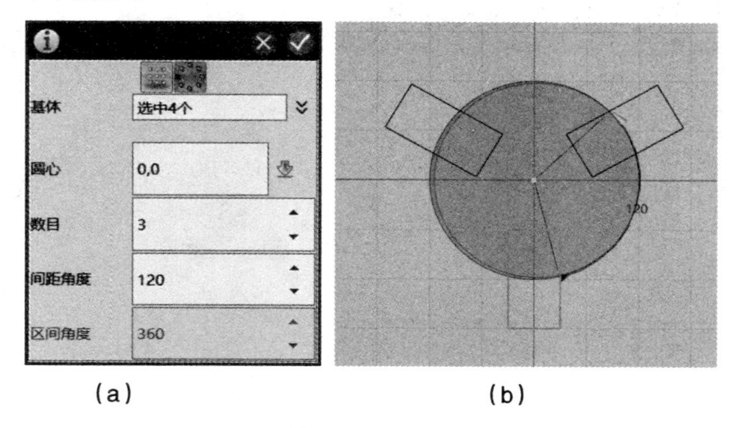

（a）　　（b）

图 3-4-5

6. 点击完成按钮完成草图，效果如图3-4-6所示。

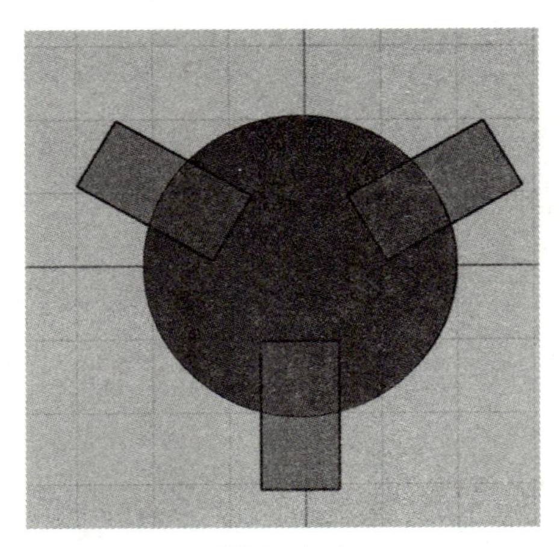

图 3-4-6

7. 选择特征造型命令组中的拉伸命令，参数设置如图3-4-7（a）所示，完成后效果如图3-4-7（b）所示。

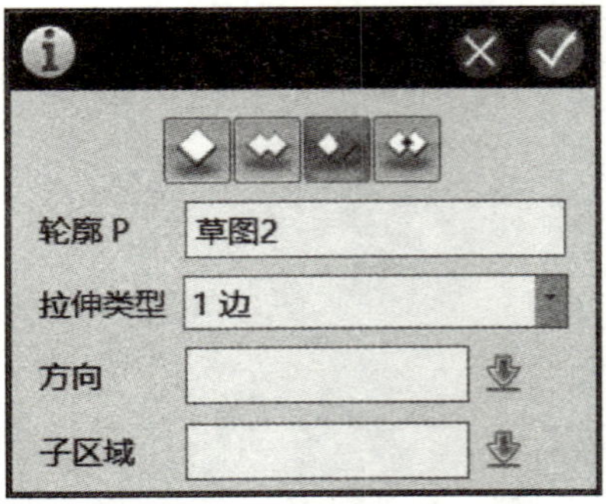

轮廓 P 草图2
拉伸类型 1 边
方向
子区域

（a） 　　（b）

图 3-4-7

8. 选择草图绘制命令组中的预制文字命令编辑文字，如图

3-4-8所示。

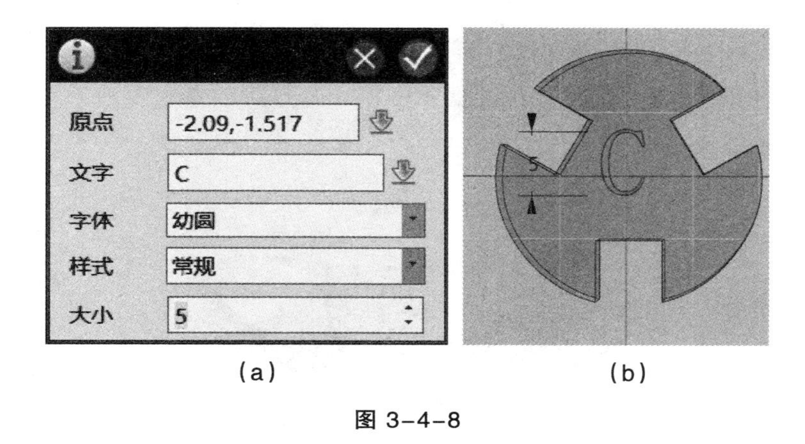

（a）　　　　　　　　（b）

图 3-4-8

9. 选择特征造型命令组中的拉伸命令，对编辑的文字进行拉伸，如图3-4-9所示。

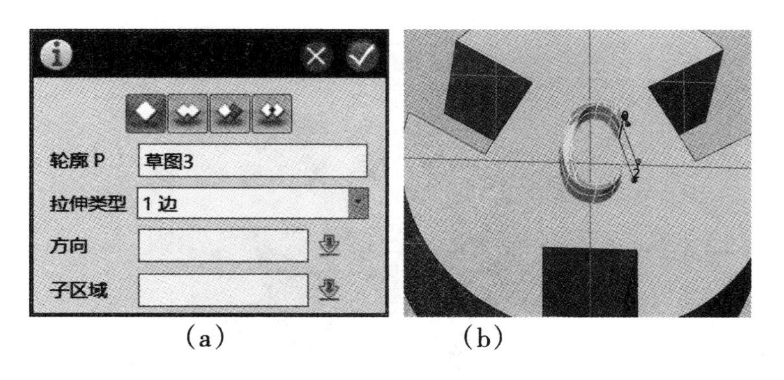

（a）　　　　　　　　（b）

图3-4-9

10. 调节拉伸的距离得到立体的文字，如图3-4-10所示。

图3-4-10

11. 参照以上10个步骤的方法得到苯分子的氢原子模型，如图3-4-11所示。

图 3-4-11

12. 再选择草图绘制命令组中的矩形命令，绘制矩形如图3-4-12所示。

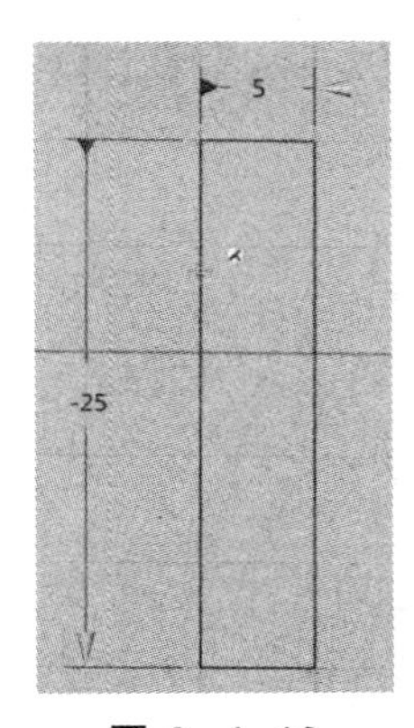

图 3-4-12

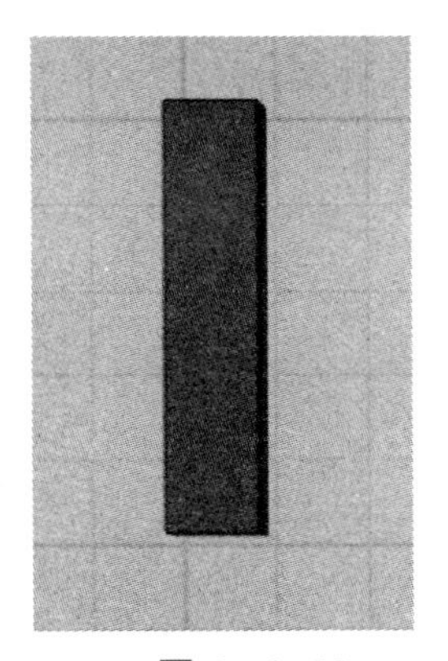

图 3-4-13

13. 再选择特征造型中的拉伸命令，得到立方体如图3-4-13所示。

14. 依次打印以上模型，最终得到的模型效果如图3-4-14所示。

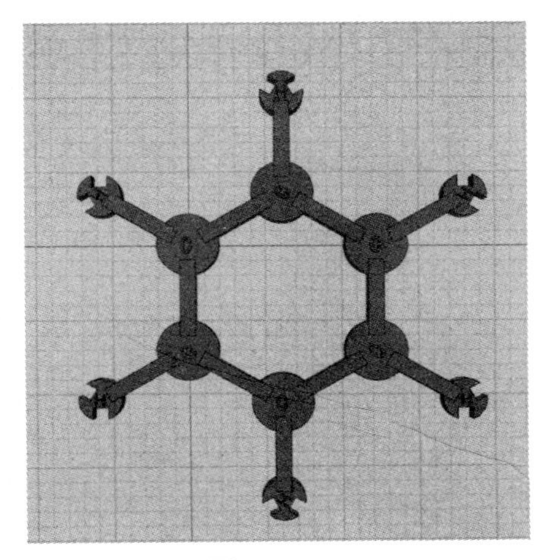

图 3-4-14

案例五、鲁班锁的设计

1. 选择草图绘制命令组 中的矩形绘制命令绘制矩形，如图3-5-1所示。

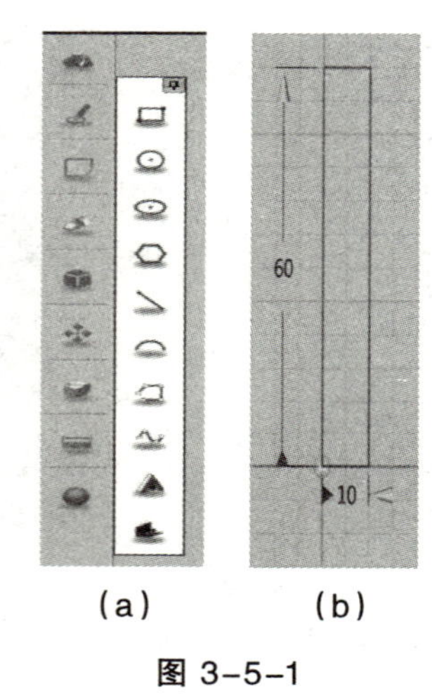

(a)　　(b)

图 3-5-1

2. 在绘制模型的工作区上方点击完成按钮，完成草图绘制。

3. 选择特征造型命令组中的拉伸命令得到立方体。如图3-5-2所示。

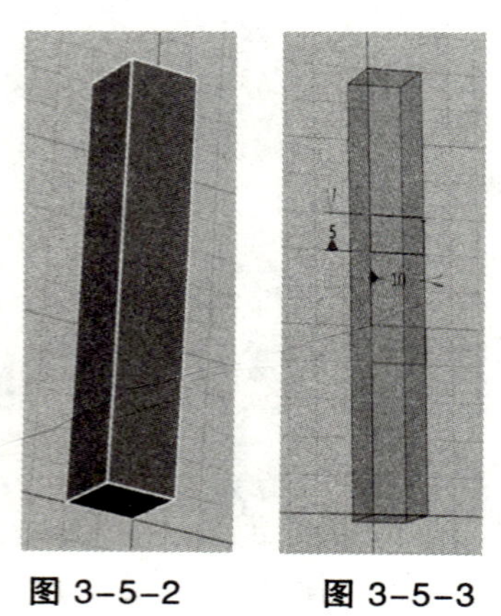

图 3-5-2　　图 3-5-3

4. 选择草图绘制命令组中的矩形命令，以长方体正视图作为新的草图，分别在草图（0，20）和（0，35）的位置绘制5mm*10mm的长方形（草图位置以长方体底面为基点）。

5. 点击完成按钮 完成草图，如图3-5-3所示。

6. 选择特征造型命令组中的拉伸命令。

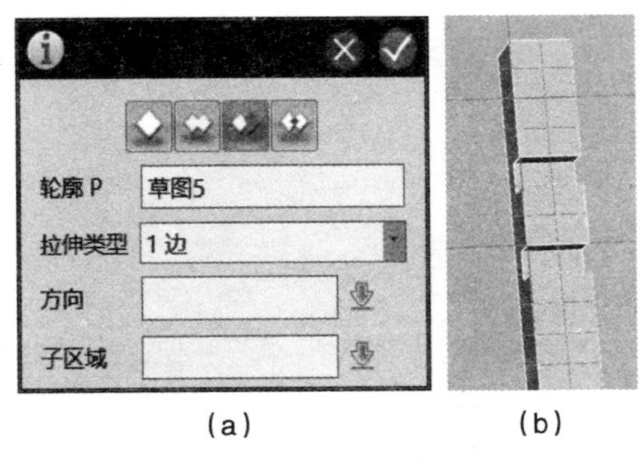

(a)　　(b)

图 3-5-4

7. 再次以长方体正视图为草图，在（5，25）处绘制10mm*5mm的矩形，如图3-5-5所示。

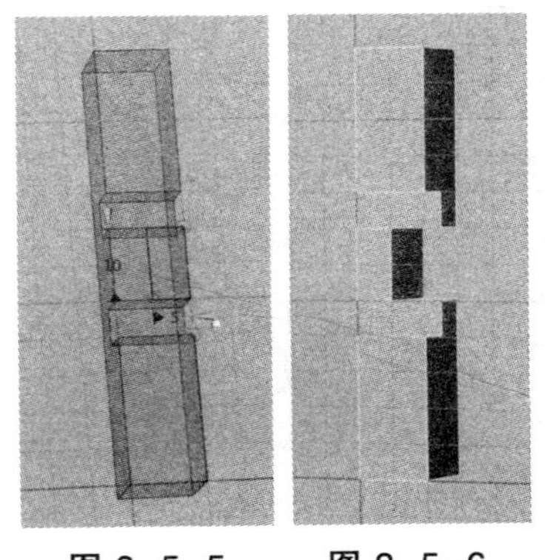

图 3-5-5　　图 3-5-6

8. 点击完成草图，左键单击草图选择拉伸图标，输入拉伸尺寸“–10mm”，按下Enter键确定尺寸，点击确定 完成参数设置，得到模型效果如图3–5–6所示，即完成单个鲁班锁部件的模型。

9. 其它部件的设计均按以上步骤进行，即可完成一个鲁班锁六个部件的制作。所有部件模型的三视图如图3–5–7的图形所示，图片均为示例部件三视图尺寸。

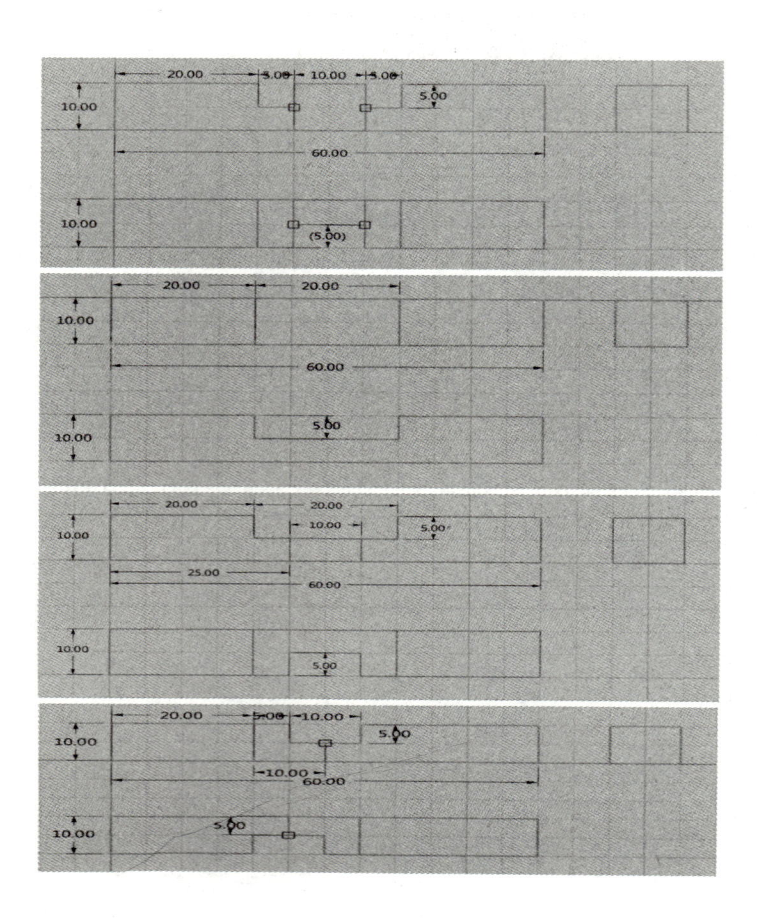

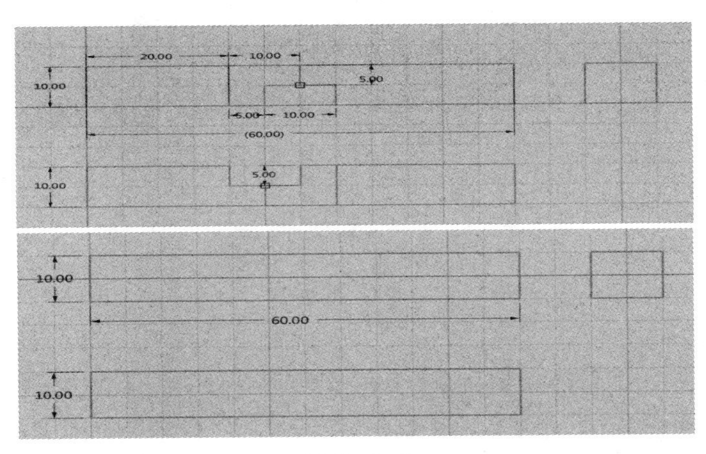

图 3-5-7

案例六、一颗小苹果

1. 选择草图绘制命令组中的曲线绘制命令绘制曲线，如图3-6-1所示。

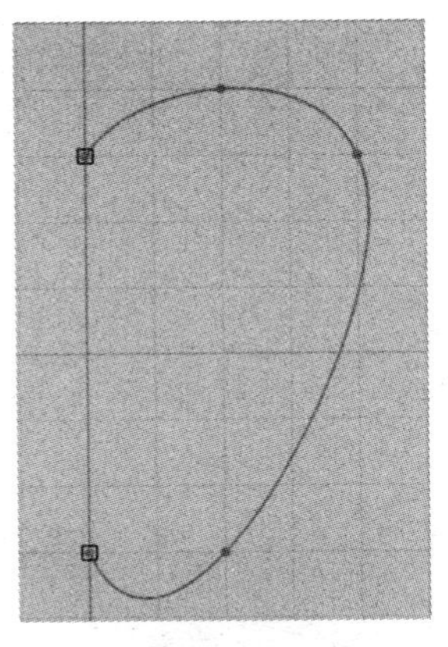

图 3-6-1

2. 选择草图绘制命令组中的直线绘制命令绘制直线，如图3-6-2所示。

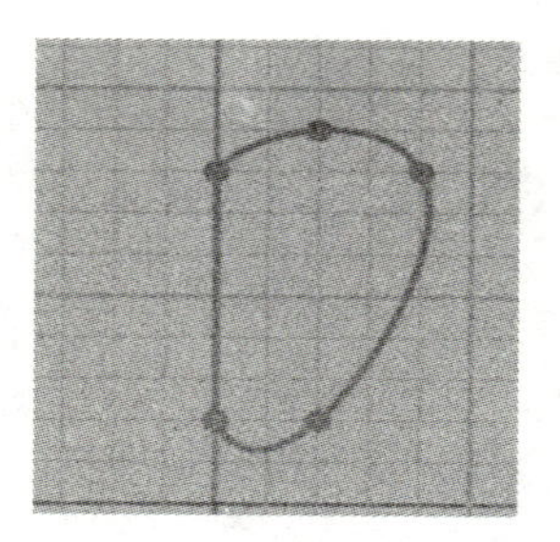

图 3-6-2

3. 选择特征造型命令组中的旋转命令对图3-6-2中的图形绕直线进行旋转，如图3-6-3所示。

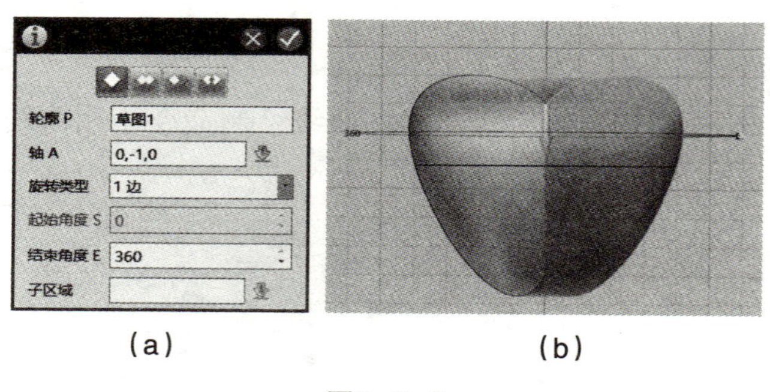

(a) (b)

图3-6-3

4. 旋转完成后得到一个苹果模型，如图3-6-4所示。

图 3-6-4

5. 选择模型绘制工作区下方渲染模式命令组中的线框模式得到苹果模型的线框模式图。效果如图3-6-5所示。

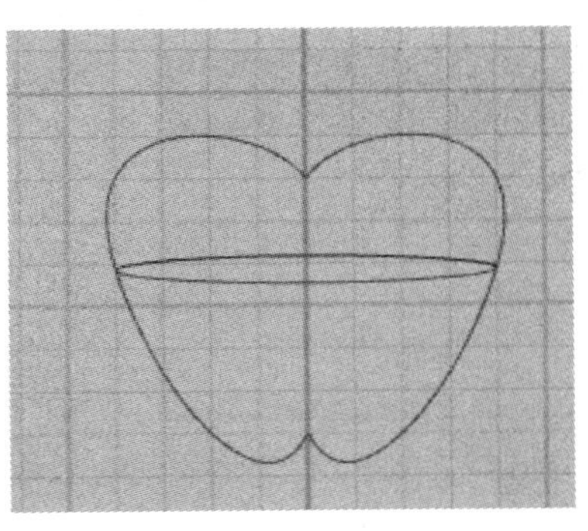

图 3-6-5

6. 选择草图绘制命令组中的预制文字命令编辑文字。如图3-6-6所示。

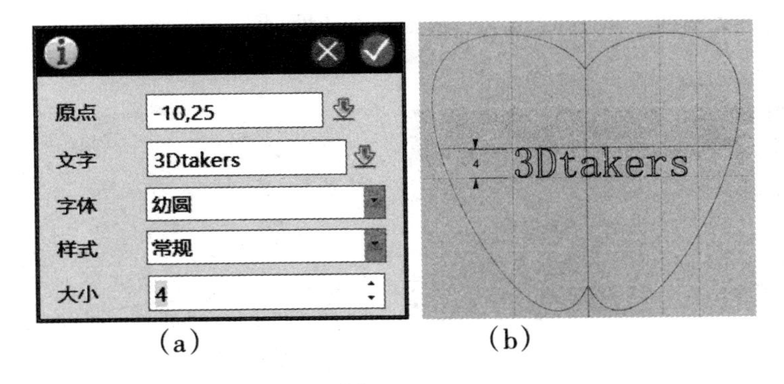

(a) (b)

图 3-6-6

7. 选择基本实体命令组中的正方体绘制正方体作为一个辅助体用于确定文字投影的方向参考。如图3-6-7所示。

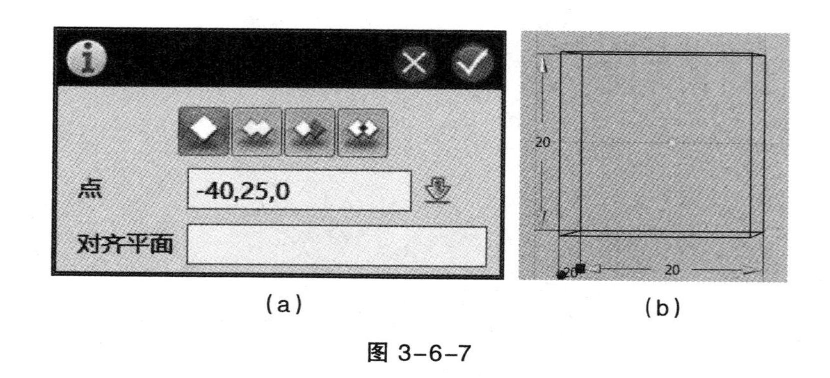

(a)　　(b)

图 3-6-7

8. 选择特殊功能命令组中的投影曲线命令。参数设置中的曲线参数为步骤6中编辑的文字“3Dtakers”，面参数为苹果的表面，方向参数为（0, 0, 1），即Z轴的正方向。完成参数设置后文字将会投影到苹果的曲面上。如图3-6-8所示。

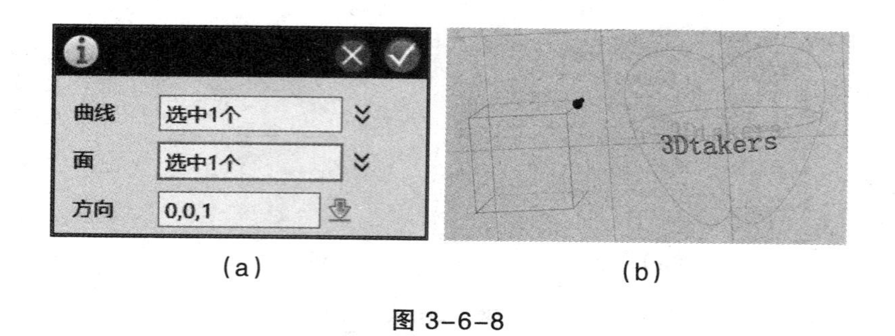

(a)　　(b)

图 3-6-8

9. 选择特殊功能命令组中的镶嵌曲线，参数面F为苹果模型的表面，曲线C为文字“3Dtakers”，偏移T的值为镶嵌的深度。方向为（0，0，1）表示镶嵌完成之后文字突出苹果表面。如图3–6–9所示。

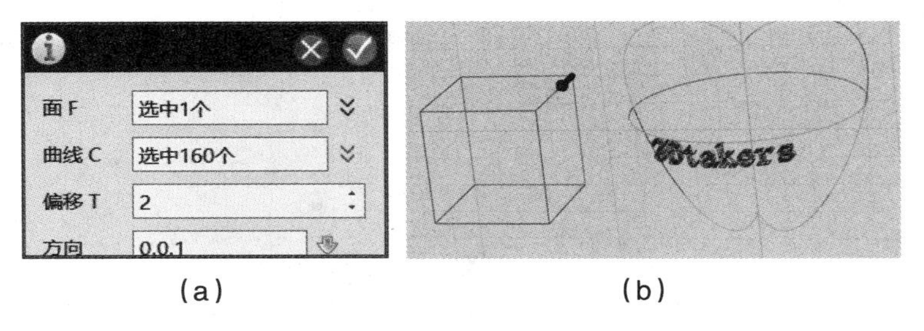

（a）　　（b）

图 3–6–9

10. 选中辅助体使用Delete键删除。

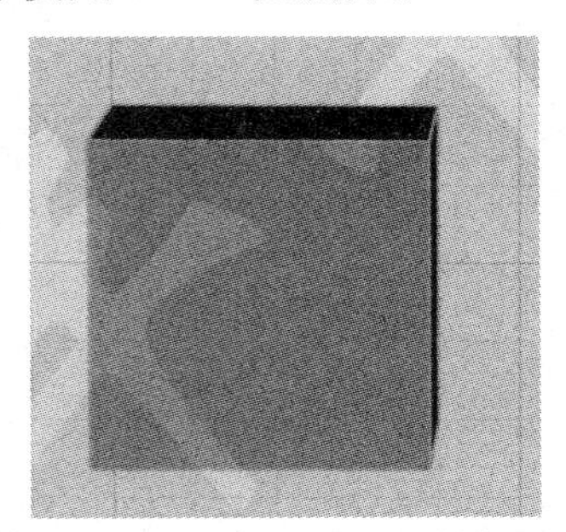

图 3–6–10

11. 最终的小苹果模型如图3–6–11所示。

图 3–6–11

案例七、花瓶

1. 选择草图绘制命令中的圆形命令绘制草图，如图3–7–1所示。

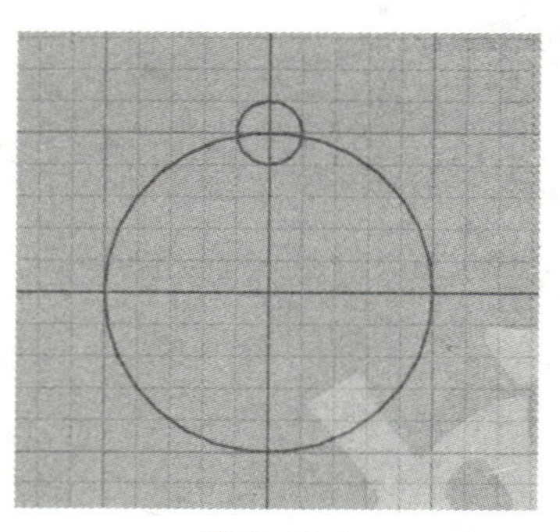

图 3–7–1

2. 选择基本编辑命令组中的阵列命令对小圆阵列，如图3–7–2所示。

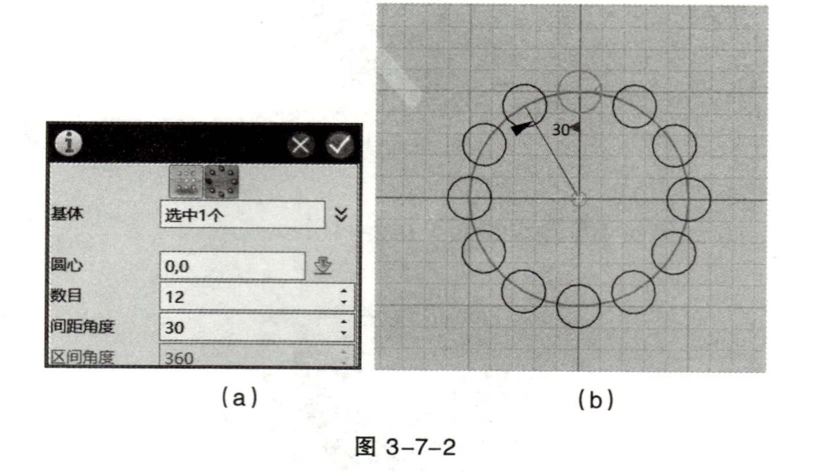

（a） （b）

图 3–7–2

3. 选择草图编辑命令中的修剪命令，点击需要修剪的曲线即可完成修剪。修建后的效果如图3–7–3所示。

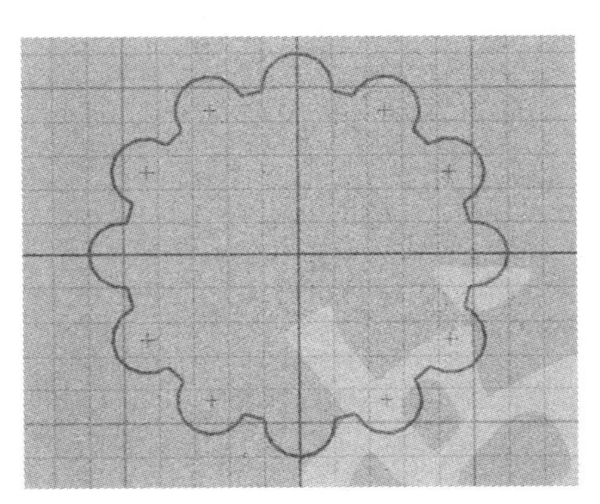

图 3–7–3

4. 选中草图并复制，如图3–7–4所示。

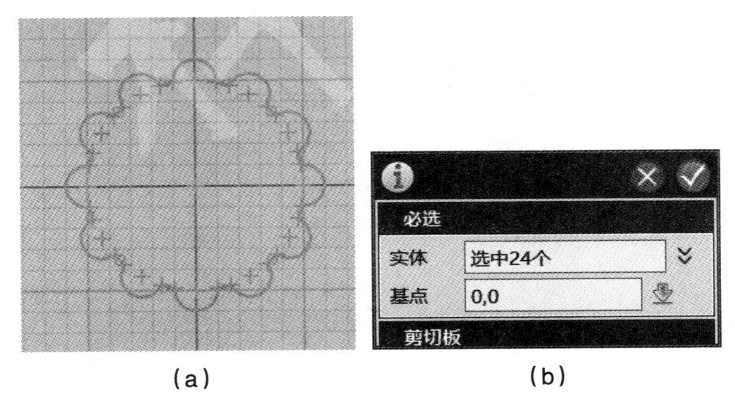

(a)　　(b)

图3–7–4

5. 点击完成按钮完成草图绘制，如图3-7-5所示。

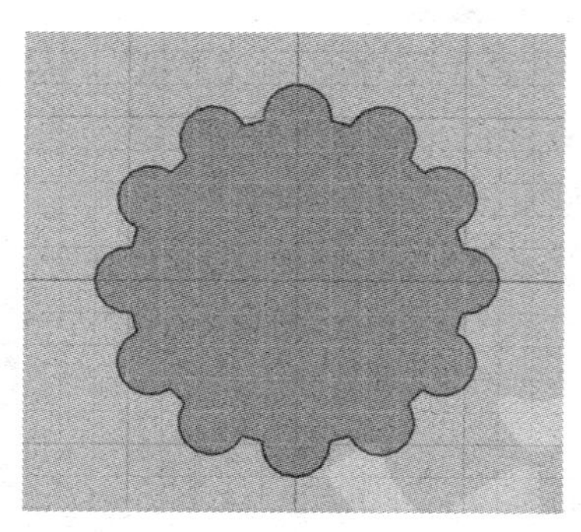

图3-7-5

6. 选择基本编辑命令组中的移动命令将绘制完成的草图沿Z轴正方向平移，如图3-7-6，3-7-7所示。

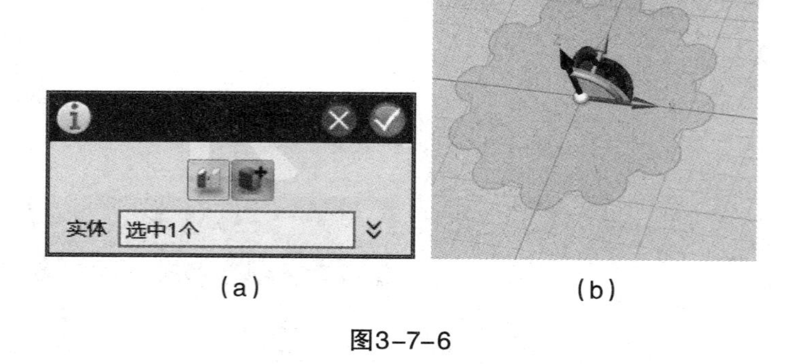

(a) (b)

图3-7-6

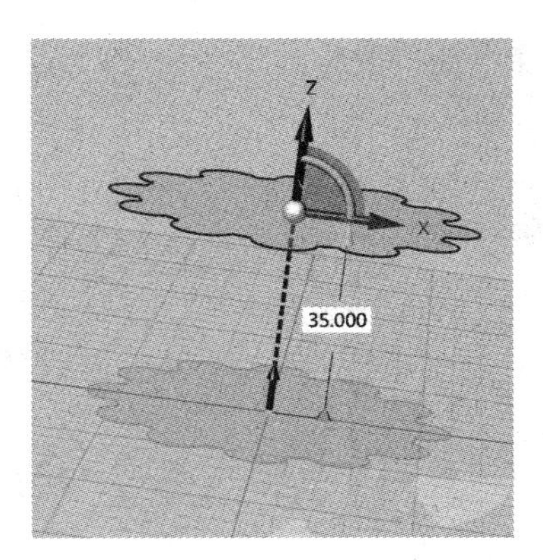

图 3–7–7

7. 点击确定完成移动，并在原草图的位置使用快捷键Ctrl+V粘贴步骤4中复制的草图，这样就分别在垂直于Z轴的两个平面上绘制了两个一模一样的图形。如图3–7–8所示。

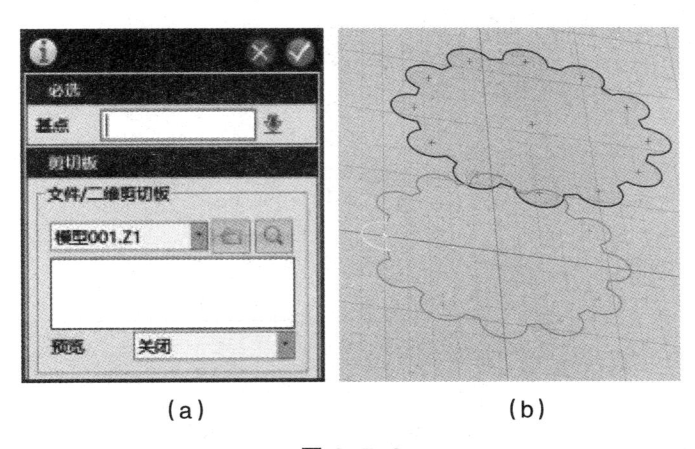

(a)　　　　　　　　　　(b)

图 3–7–8

8. 选择基本命令组中的缩放命令将中心位于原点处的图形缩小。如图3-7-9所示。

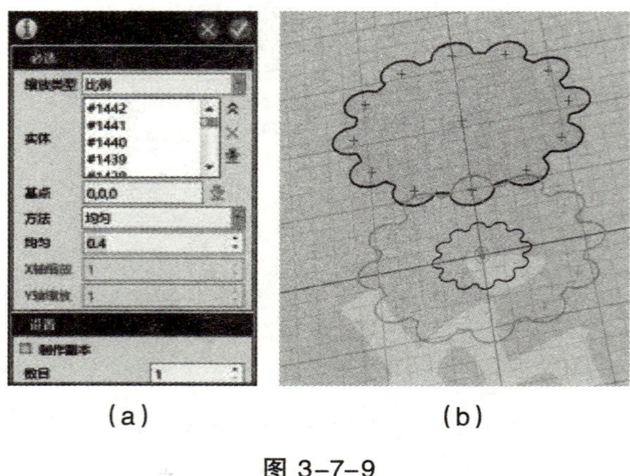

(a) (b)

图 3-7-9

9. 点击完成按钮完成草图绘制，再使用移动命令对其进行位置排列并缩放成不同的图形。如图3-7-10所示。

图 3-7-10

10. 选择特征造型命令组中的放样命令对草图进行放样。如图3–7–11所示。

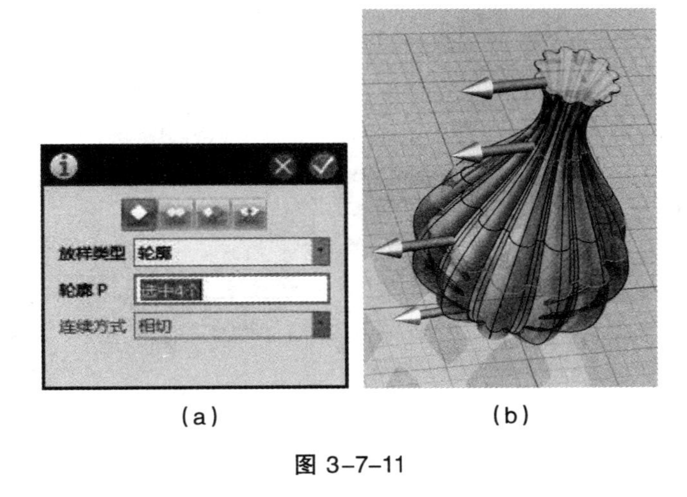

(a)　　　　(b)

图 3–7–11

11. 点击确定完成放样，选择特殊功能命令组中的抽壳命令，完成参数设置，得到花瓶的模型。如图3–7–12所示。

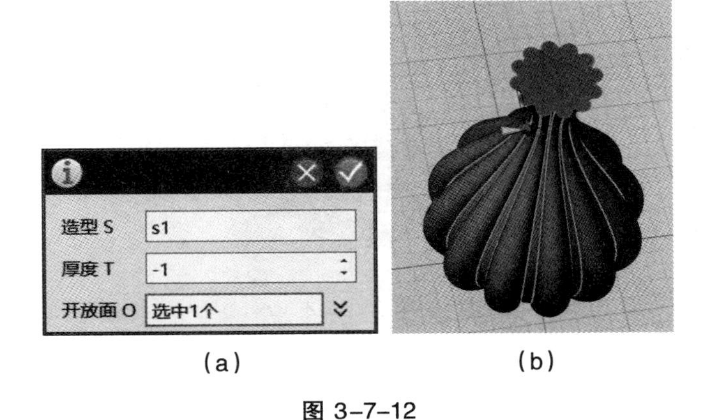

(a)　　　　(b)

图 3–7–12

12. 选择特殊功能命令组中的扭曲命令，设置相应参数。如图3–7–13所示。

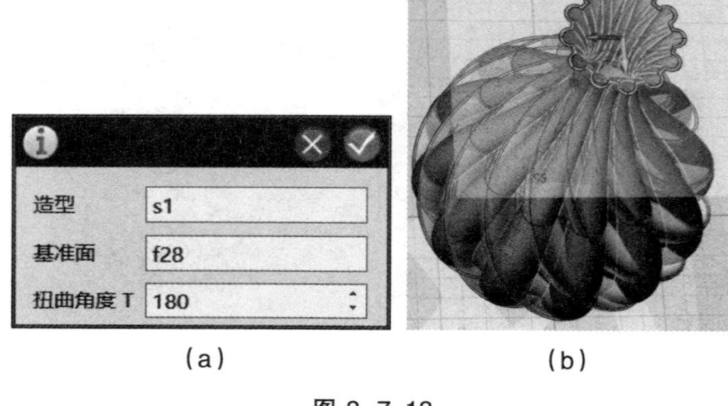

(a)　　　　(b)

图 3–7–13

13. 确定参数设置后完成花瓶的设计，最终三维实体效果如图3–7–14所示。

图 3–7–14

案例八、烽火台

1. 选择草图绘制命令组中的矩形命令，设置相应参数得到矩形。如图3-8-1所示。

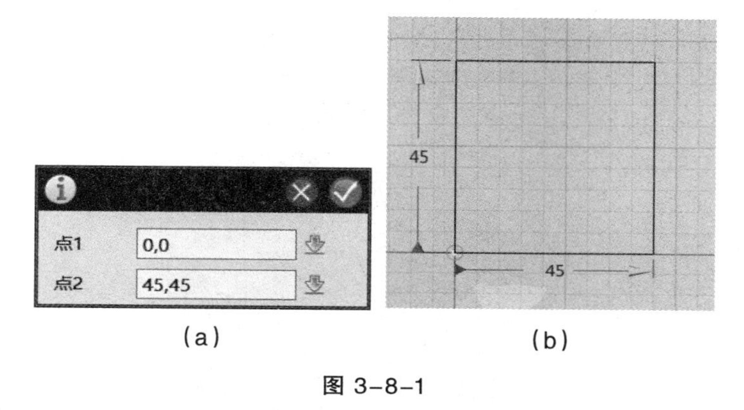

（a）　　（b）

图 3-8-1

2. 选择特征造型命令组中的拉伸命令，设置相应参数得到立方体。如图3-8-2所示。

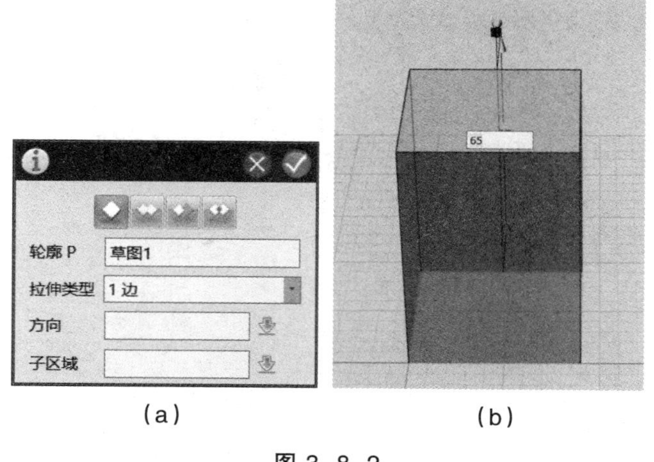

（a）　　（b）

图 3-8-2

3. 再选择上面拉伸后的图形为草图绘制矩形。如图3-8-3所示。

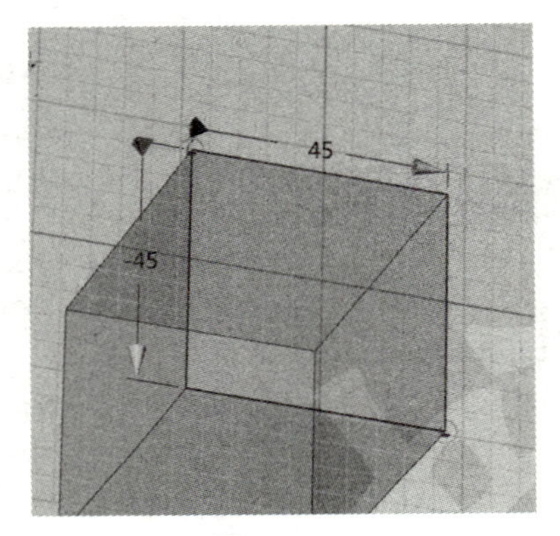

图 3-8-3

4. 选择草图编辑命令组中的曲线偏移命令，设置偏移曲线以及距离。如图3-8-4所示。

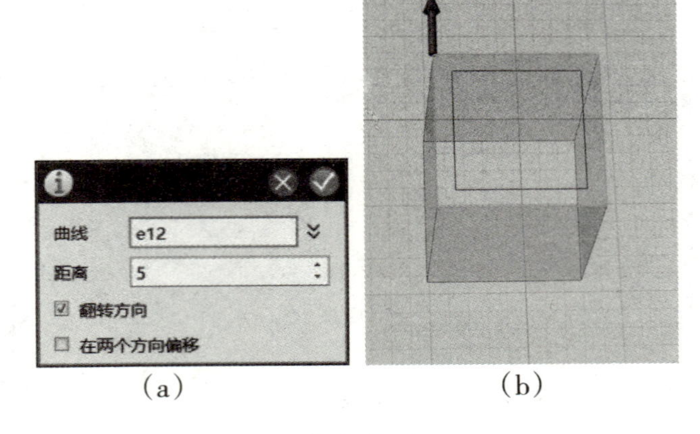

(a) (b)

图 3-8-4

5. 点击完成按钮完成草图绘制并拉伸草图，得到如图3-8-5所示的图形。

图 3-8-5

6. 在图3-8-5所示模型的上表面建立草图并绘制小矩形。如图3-8-6所示。

图 3-8-6

7. 选择基本编辑命令组中的阵列命令，设置小矩形的个数、小矩形之间的间距和方向。如图3–8–7所示。

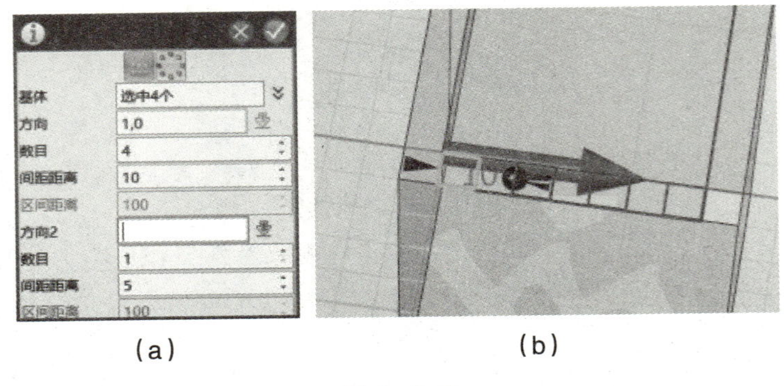

（a）　　　　（b）

图 3–8–7

8. 其它边均用上述方法绘制小矩形。点击完成按钮完成草图绘制并使用拉伸命令拉伸小矩形，如图3–8–8，3–8–9所示的图形。

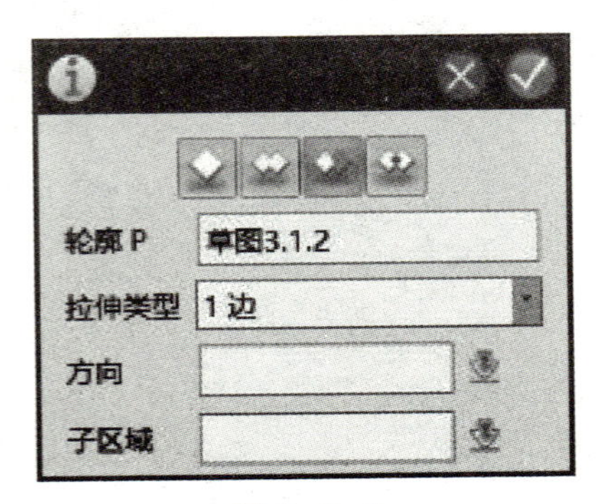

图 3–8–8

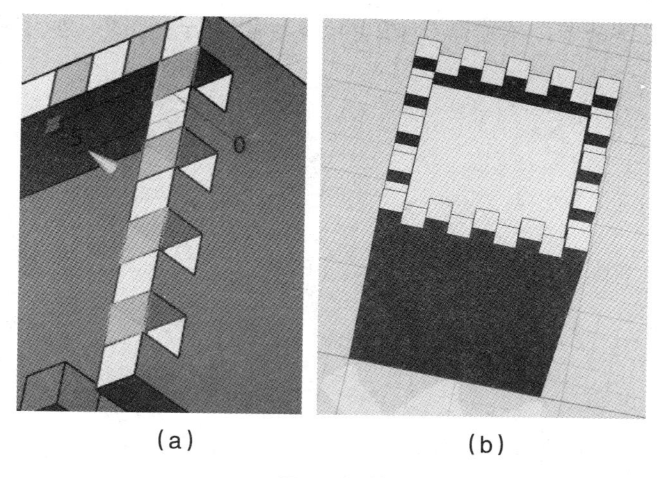

(a)　　(b)

图 3-8-9

9. 选择草图绘制命令组中的曲线命令绘制曲线。如图3-8-10所示。

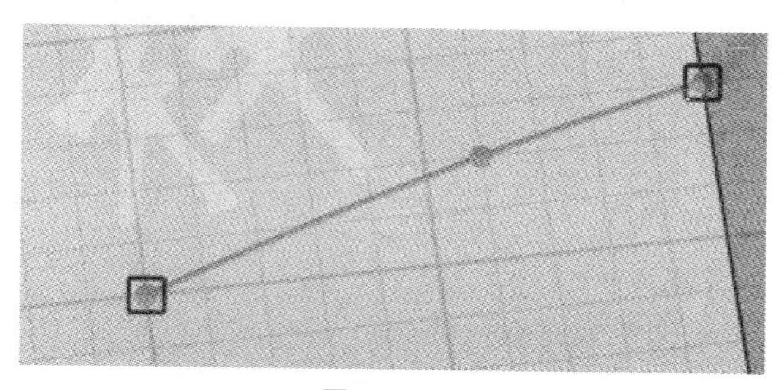

图 3-8-10

10. 选择草图编辑命令组中的偏移曲线命令。如图3-8-11所示。

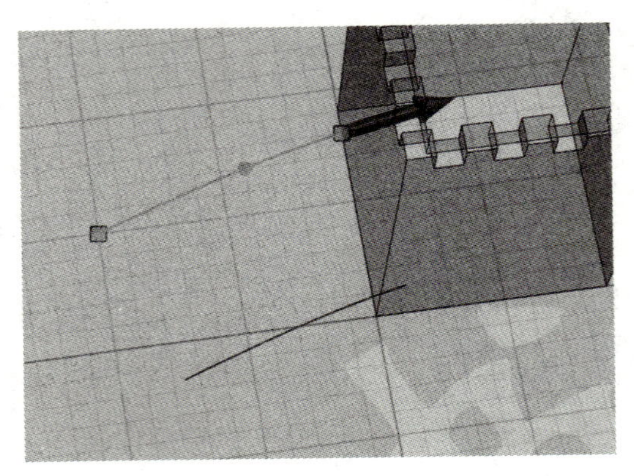

图 3-8-11

11. 使用直线绘制命令将其绘制成封闭草图。如图3-8-12所示。

图 3-8-12

12. 选择特征造型命令组中的拉伸命令将封闭曲线拉伸成为立体模型。如图3-8-13所示。

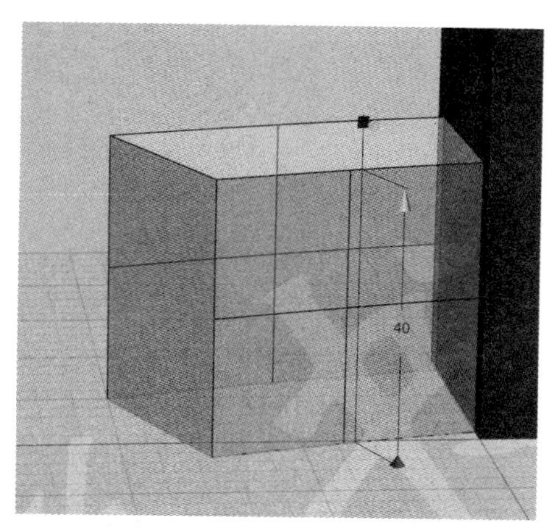

图 3-8-13

13. 参照步骤10-12在图3-8-13所示模型的上表面绘制出如图3-8-14所示的模型。

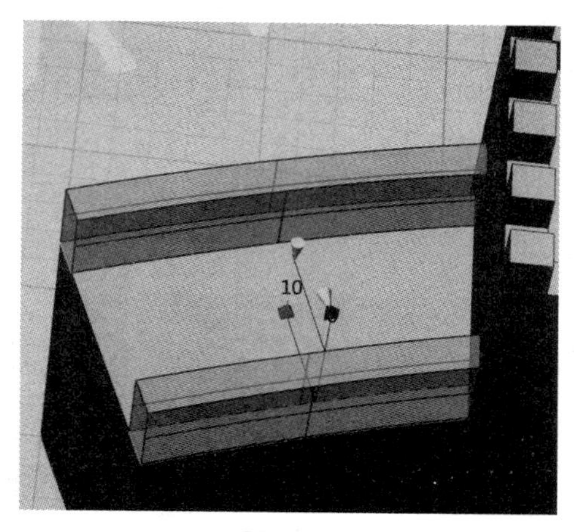

图 3-8-14

14. 选择草图绘制命令组中的直线绘制命令，在图3–8–15所示的位置绘制出小方块。

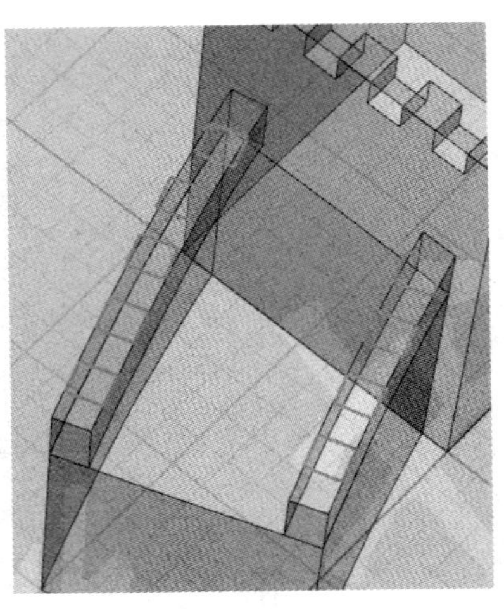

图 3–8–15

15. 选择特征造型命令组中的拉伸命令在小方块的位置切出凹槽，接着绘制绘如图3–8–16所示的草图。

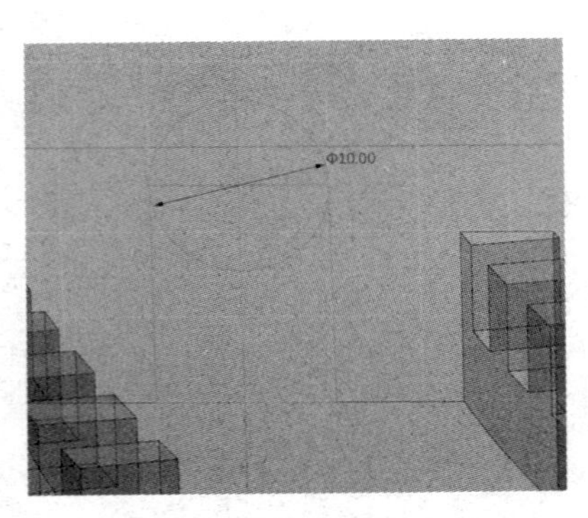

图 3–8–16

16. 使用拉伸命令在草图位置进行切除，最终的三维效果如图3-8-17所示所示。

图 3-8-17

案例九、汉诺塔

一、汉诺塔底座设计

1. 选择草图绘制命令组下的长方形命令，绘制平面选择网格平面，如图画出长为115，宽为40的长方形。

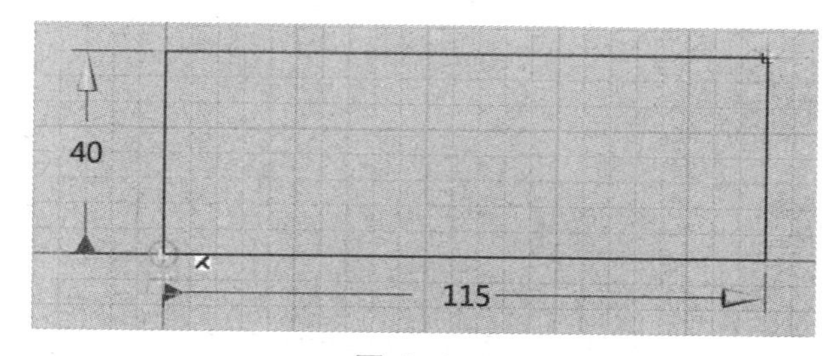

图 3-9-1

2. 使用拉伸命令得到如下的长方体。

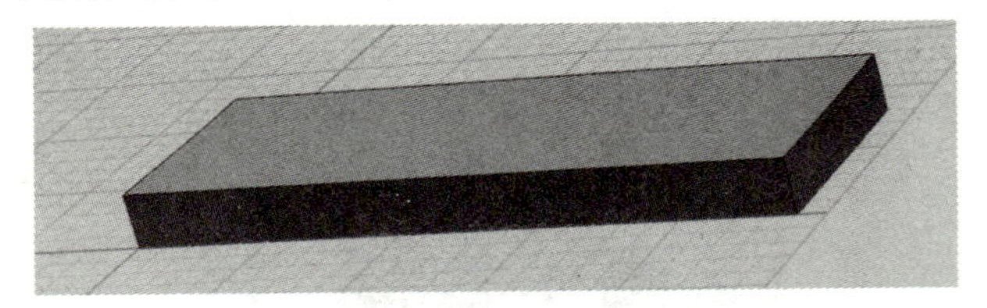

图 3-9-2

3. 绘制汉诺塔的柱子，在长方体顶面建立草图。

图 3-9-3

二、汉诺塔支柱设计

1. 分别以（15，20）（60，20）（105，20）为圆心，绘制半径为4的圆，对三个圆形进行拉伸，拉伸的高度设置为80，如图3-9-4所示。

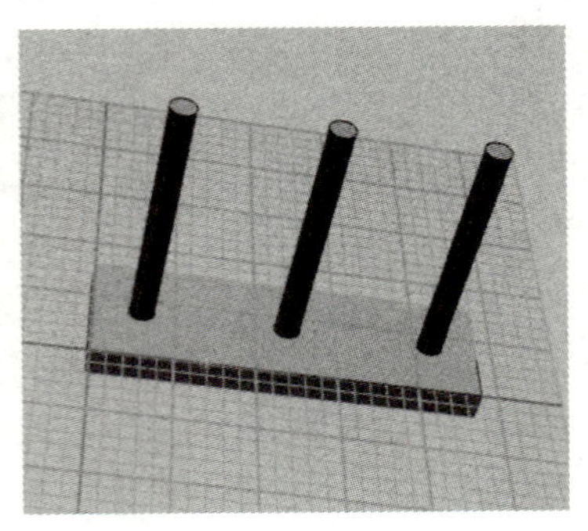

图 3-9-4

2. 选择倒角命令对圆柱进行优化处理，如图3-9-5所示。

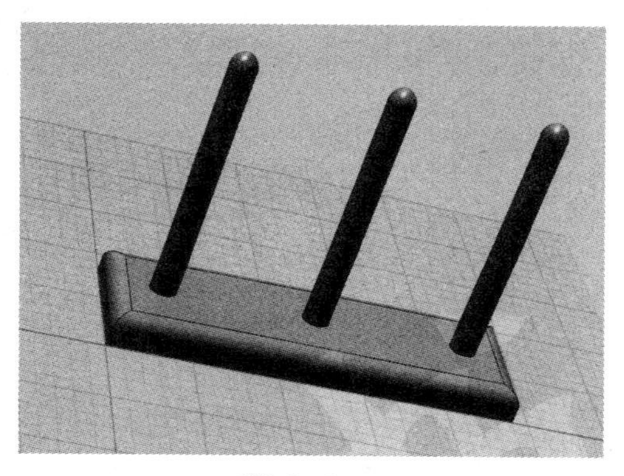

图 3-9-5

三、汉诺塔环

1. 绘制直径为16与40的圆环，如图3-9-6。

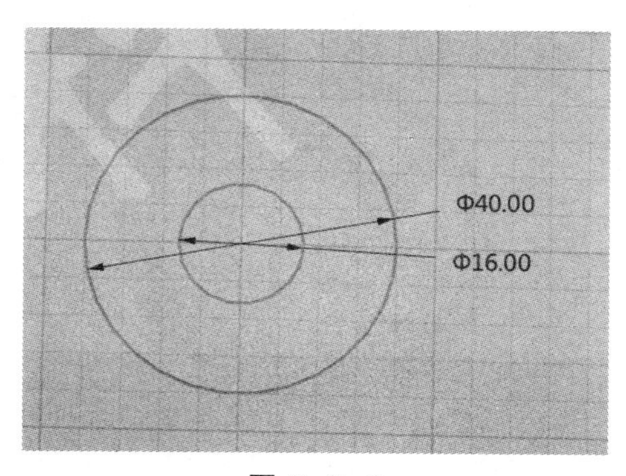

图 3-9-6

2. 选择拉伸命令，得到如图3-9-7所示的立体圆环。

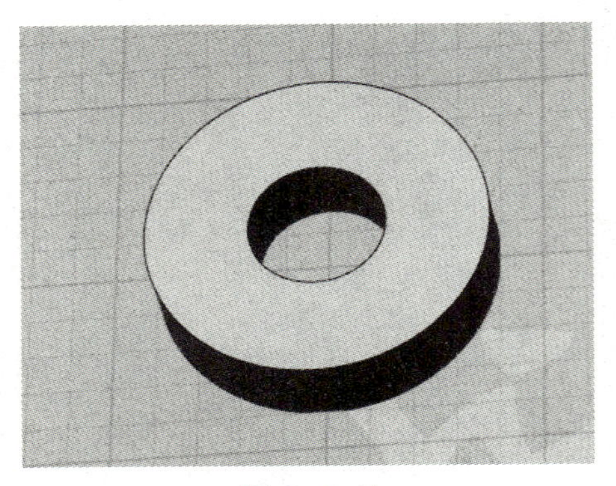

图 3-9-7

3. 同样对圆环使用倒角命令进行处理，得到如图3-9-8所示的立体模型。

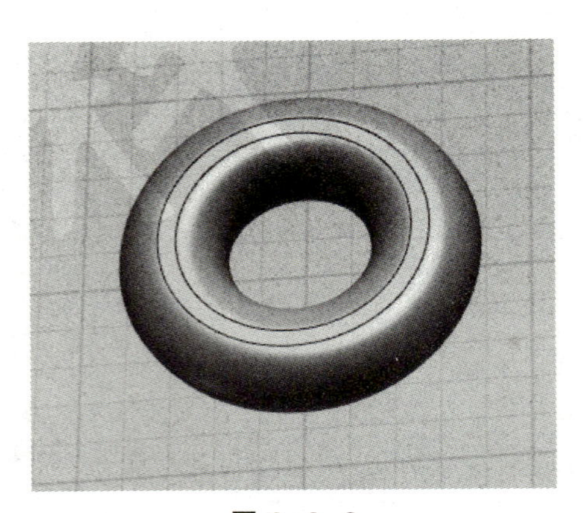

图 3-9-8

4. 选择基本编辑命令组中的阵列命令，在垂直于汉诺塔环的方向上阵列六个相同的汉诺塔环，如图3-9-9所示。

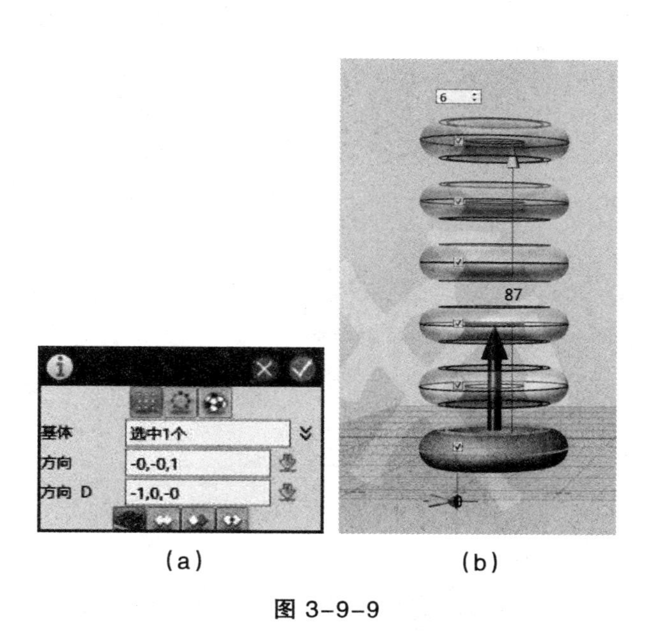

（a） （b）

图 3-9-9

5. 得到圆环后，使用缩放命令对阵列出来的汉诺塔环进行调整，缩放因子分别为0.9， 0.8 ，0.7， 0.6，0.5，如图3-9-10所示。

图 3-9-10

6. 确定设置后得到大小不同的6个圆环，如图3-9-11所示。

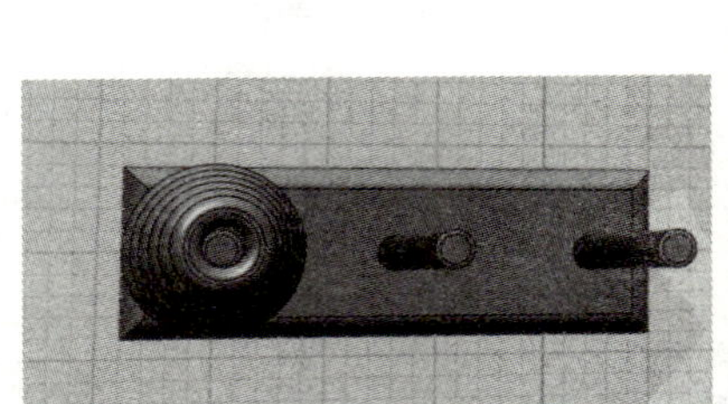

（a）阵列俯视图　　（b）阵列效果

图 3-9-11

四、汉诺塔展示

案例十、模型车玩具

1. 选择绘制草图中的圆形命令，绘制如图3-10-1所示的两个圆形。

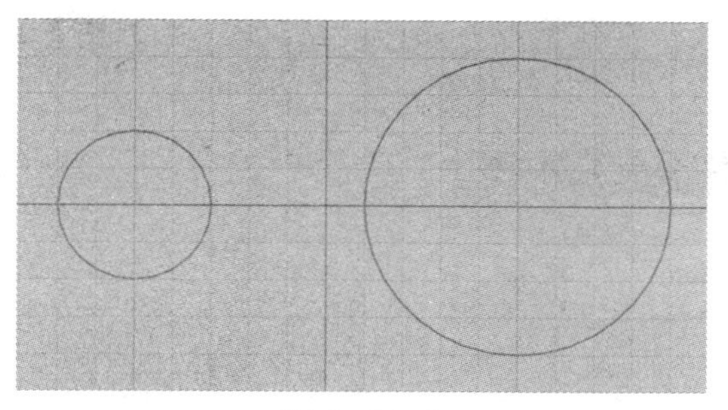

图 3-10-1

2. 选择草图绘制命令组中的直线命令绘制直线。如图3-10-2所示。

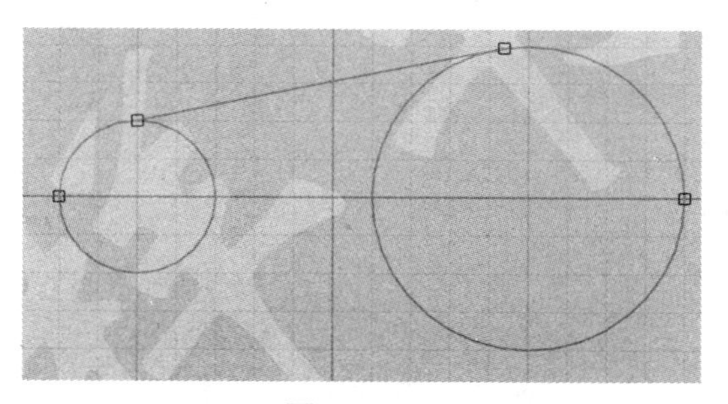

图 3-10-2

3. 选择草图编辑命令组中的草图修剪命令，对上一步骤中所绘制图形进行修剪。如图3-10-3所示。

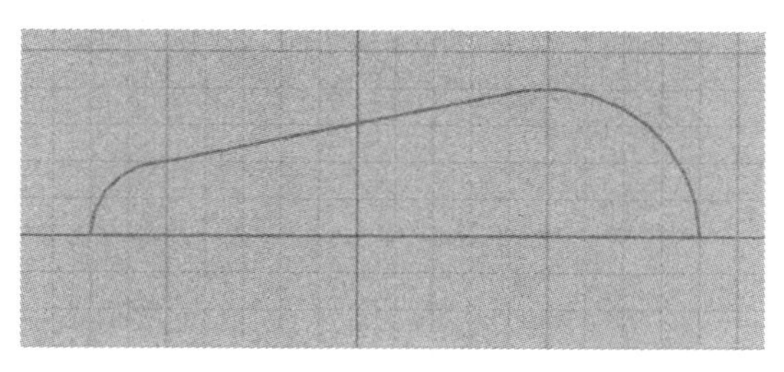

图 3-10-3

4. 选择特征造型命令组中的旋转命令，参数设置如图3-1--4所示。

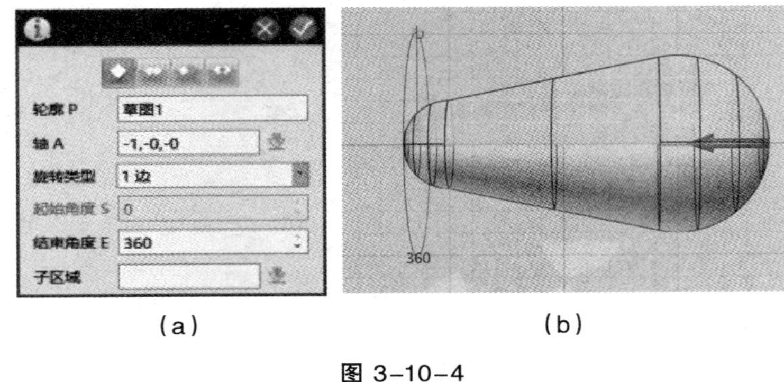

（a）　　　　　　　　　　（b）

图 3-10-4

5. 选择草图绘制命令组中的矩形命令，在图3-10-5所示位置绘制一个比原模型大的矩形。

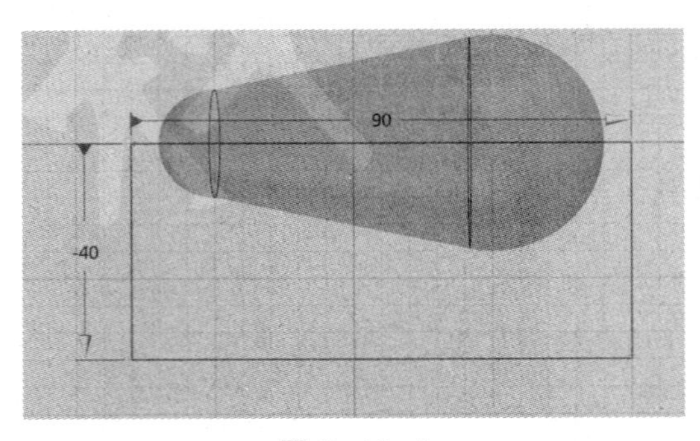

图 3-10-5

6. 选择特征造型命令组中的拉伸命令对矩形进行拉伸。如图3-10-6所示。

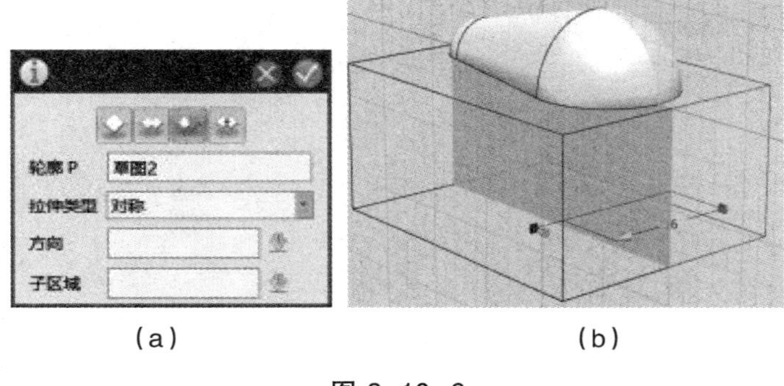

（a）　（b）

图 3-10-6

7. 使用减运算进行拉伸后得到模型效果如图3-10-7所示。

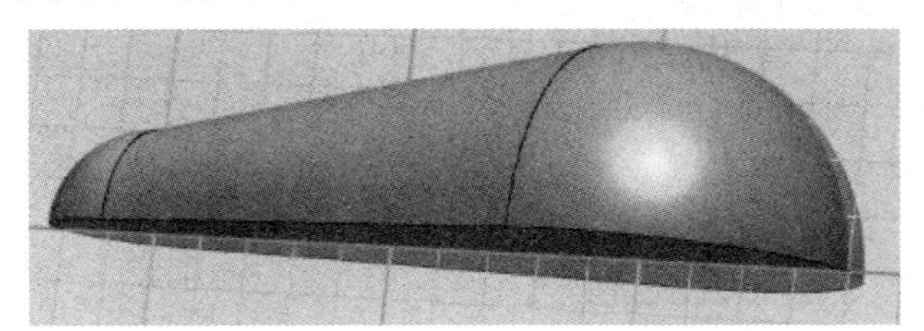

图 3-10-7

8. 选择虚框命令，得到模型效果如图3-10-8所示。

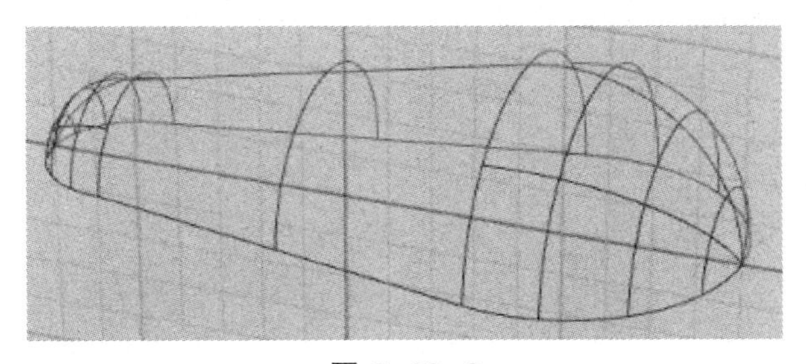

图 3-10-8

9. 选择草图绘制命令组中的圆形命令，在如图3-10-9所示位置绘制圆形。

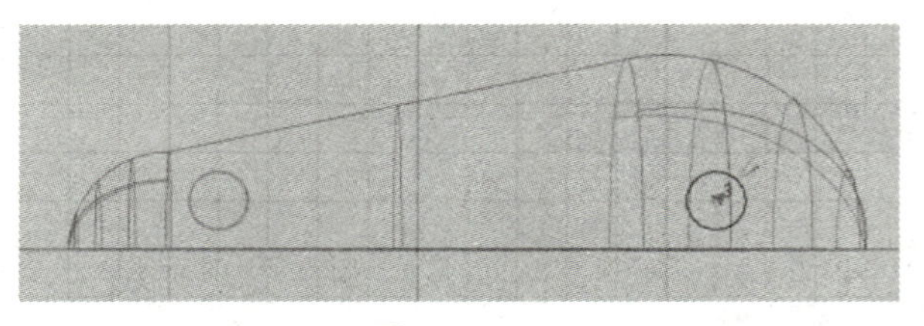

图 3-10-9

10. 选择特征造型命令组中的拉伸命令，将步骤9中的圆形进行减运算的拉伸。如图3-10-10所示。

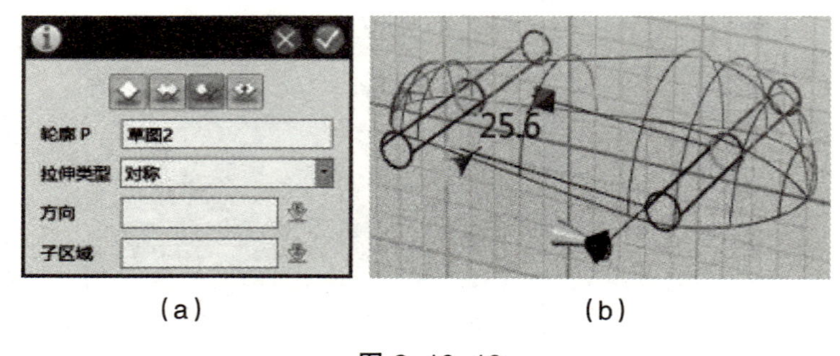

图 3-10-10

11. 拉伸完成后的效果如图3-10-11所示。

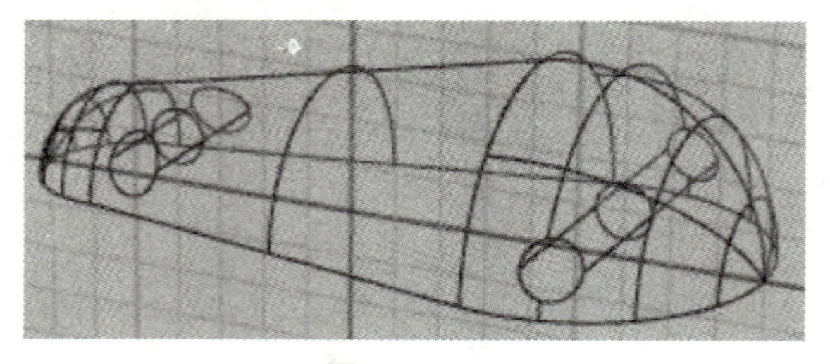

图 3-10-11

12. 选择草图绘制命令中的圆形命令，在如图3–10–12所示位置绘制圆形。

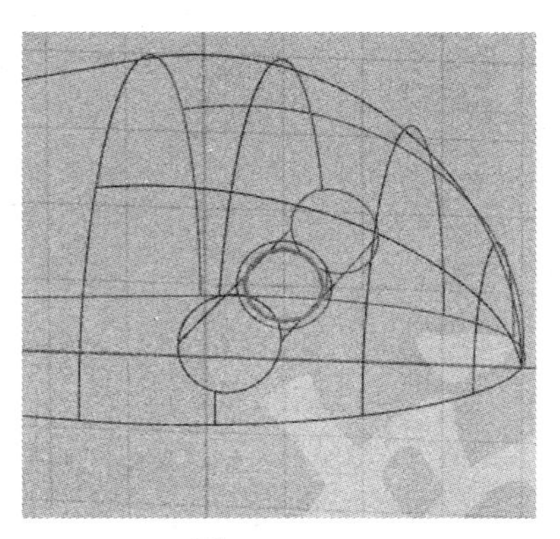

图 3–10–12

13. 使用拉伸命令拉伸步骤12中所绘制的圆形得到圆柱体。如图3–10–13所示。

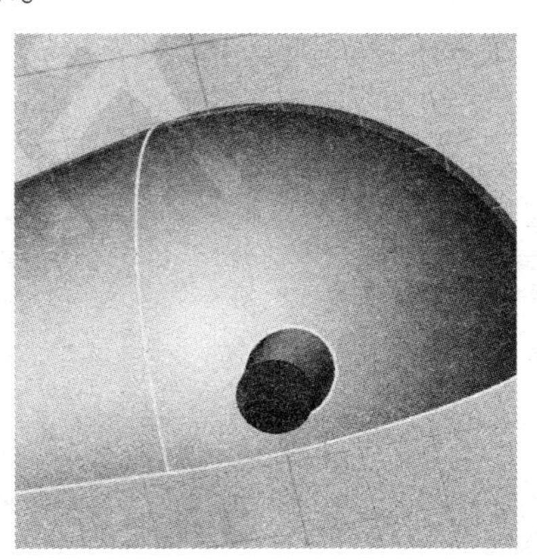

图 3–10–13

14. 使用圆形命令在图3-10-13所示的圆柱体的底面绘制一个圆形。如图3-10-14所示。

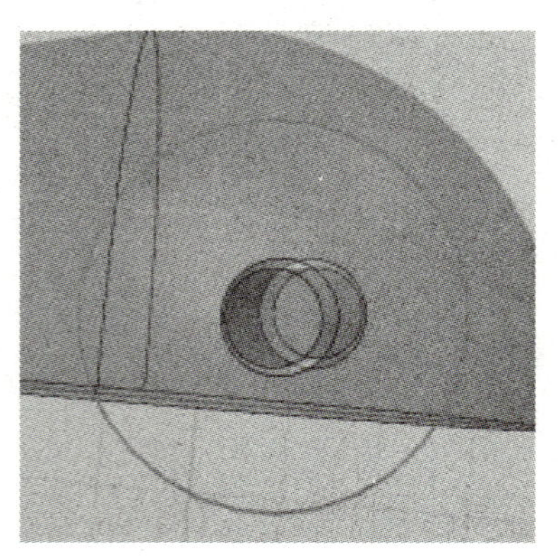

图 3-10-14

15. 使用伸命令将上一步骤中绘制的圆形拉伸为圆柱体。如图3-10-15所示。

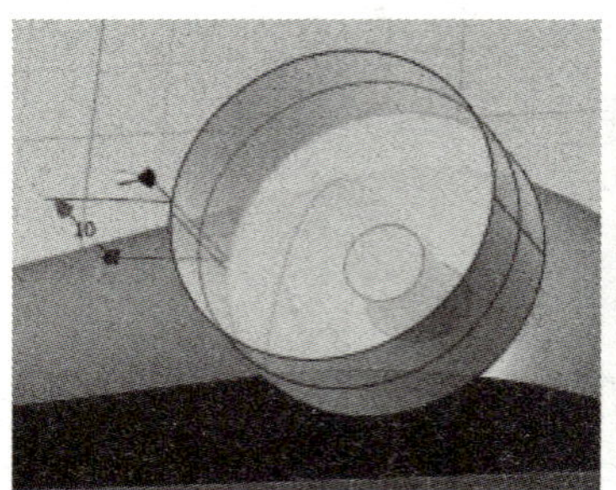

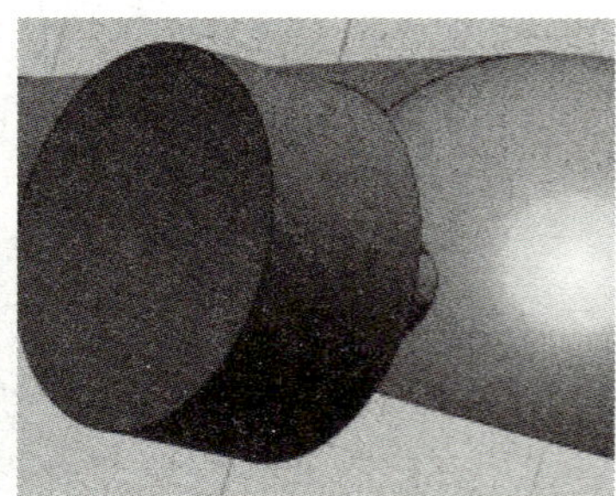

图 3-10-15

16. 按照步骤14–15的方法绘制小车的另外三个轮子，最终小车模型的效果如图3–10–16所示。

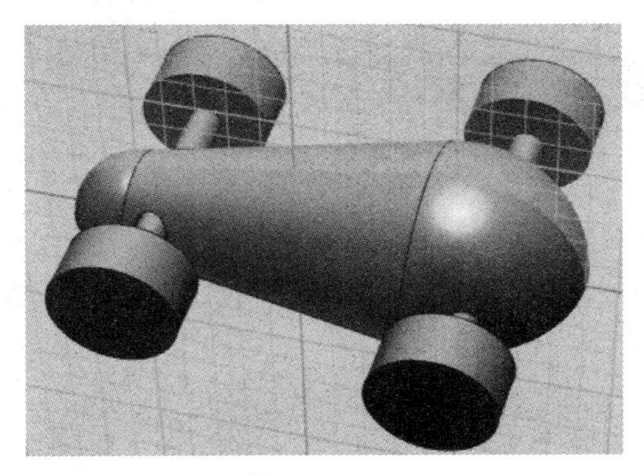

图 3–10–16

案例十一、奖杯

1. 选择草图绘制命令组中的矩形命令绘制矩形。如图3–11–1所示。

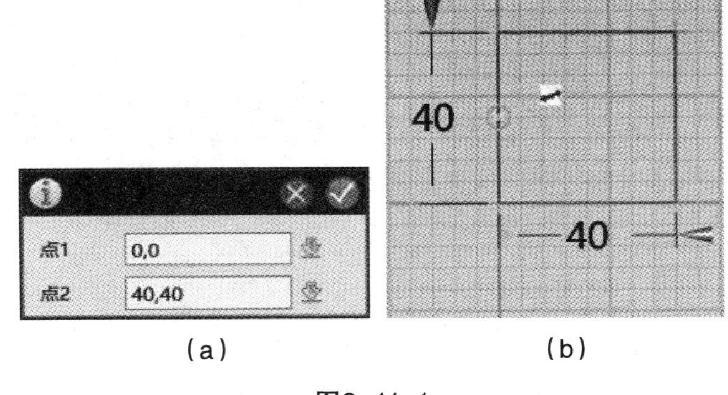

（a）　　　　（b）

图3–11–1

2. 点击完成按钮完成草图绘制。

3. 选择特征造型命令组中的拉伸命令，设置拉伸参数得到长方体。如图3-11-2所示。

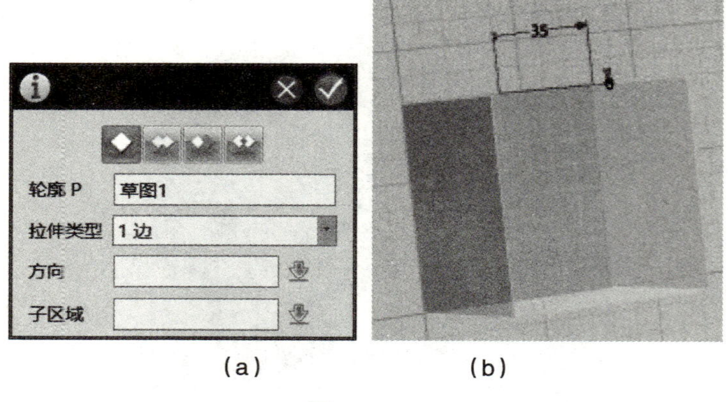

(a) (b)

图 3-11-2

4. 以长方体的顶面作为草图绘制半径为9的圆。如图3-11-3所示。

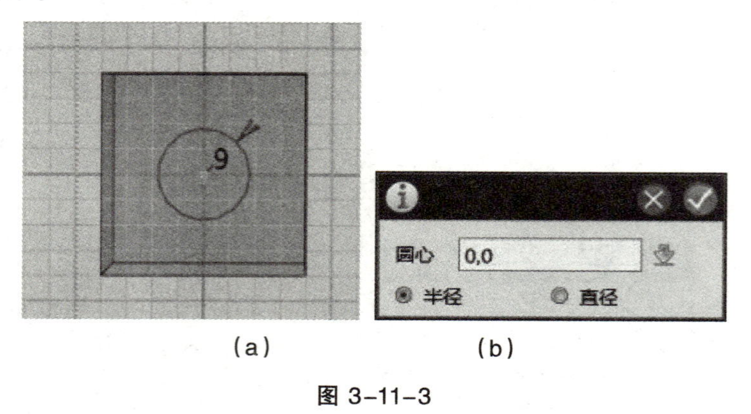

(a) (b)

图 3-11-3

5. 点击完成按钮完成草图绘制。

6. 选择特征造型命令组中的拉伸命令对圆形进行拉伸。如图3-11-4所示。

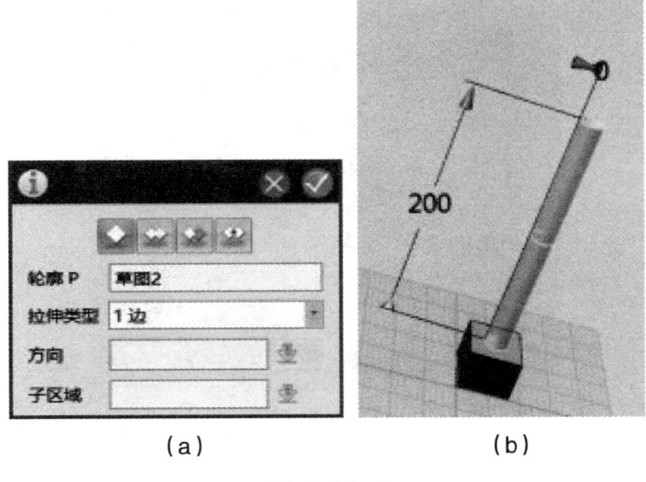

(a)　　　　　　　　　　　　(b)

图 3-11-4

7. 拉动圆柱上表面的箭头使其成为圆台。如图3-11-5所示。

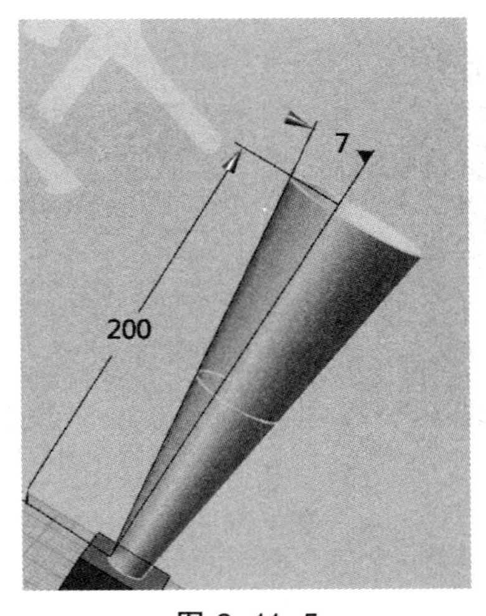

图 3-11-5

8. 再次以长方体的顶面作为草图绘制圆形。如图3-11-6所示。

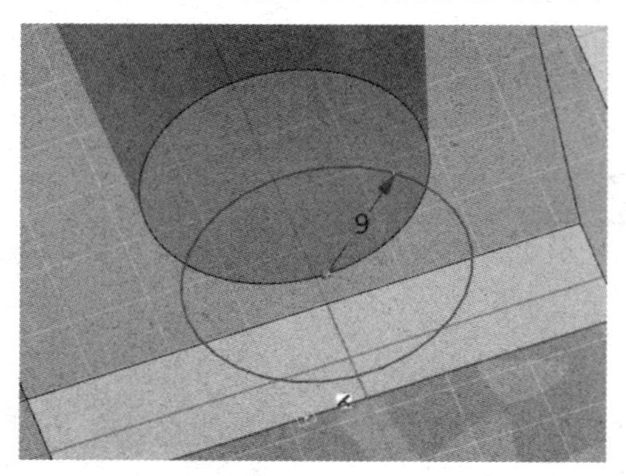

图 3-11-6

9. 点击完成按钮完成草图绘制。

10. 选择特征造型命令组中的拉伸命令，设置参数并选择减运算进行拉伸。如图3-11-7所示。

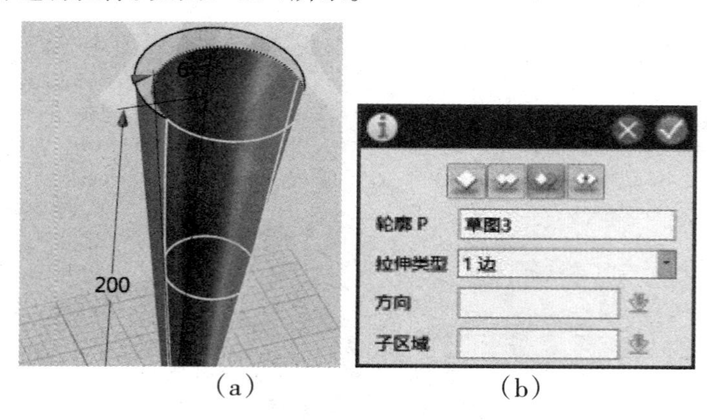

(a) (b)

图 3-11-7

11. 选择草图绘制命令组中的直线命令。

12. 选择长方体的中间面作为草图绘制一个三角形。如图

3-11-8所示。

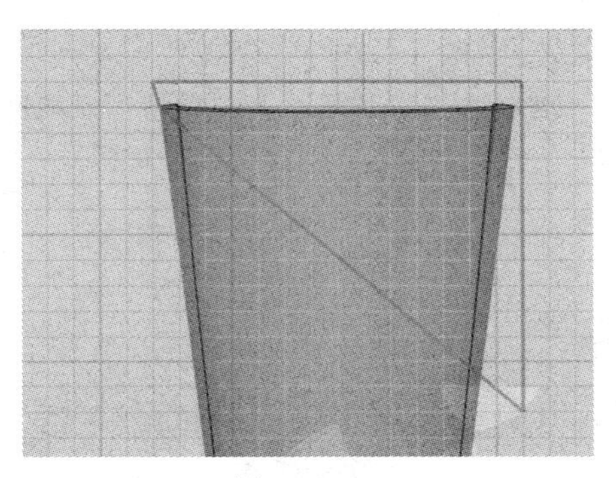

图 3-11-8

13. 点击完成按钮完成草图绘制。

14. 选择特征造型命令组中的拉伸命令并设置参数。如图3-11-9所示。

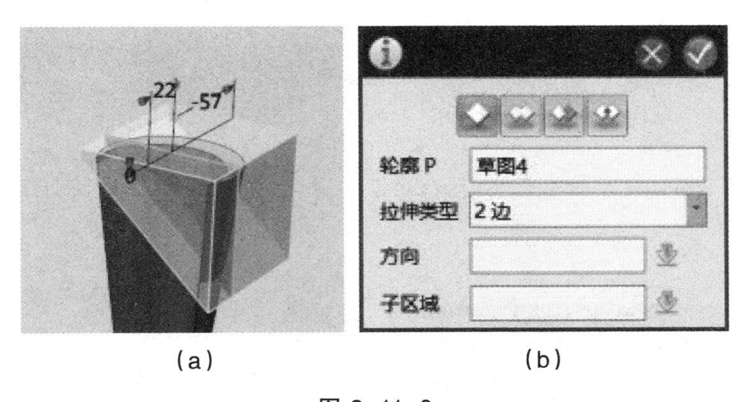

(a)　(b)

图 3-11-9

15. 确定参数设置得到效果如图3-11-10所示。

图 3-11-10

16. 选择特殊功能命令组中的扭曲命令并设置参数。如图3-11-11所示。

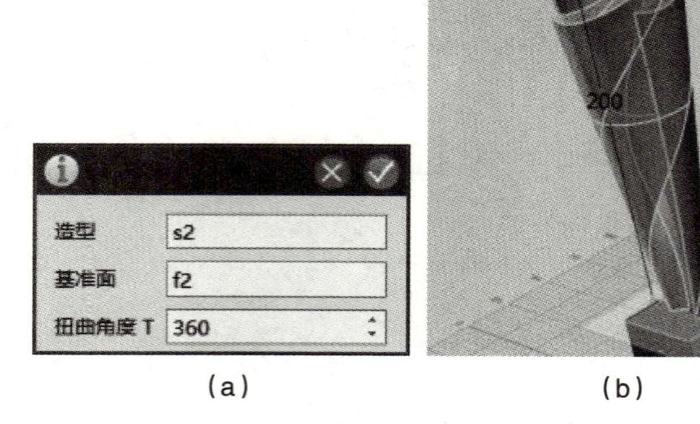

(a) (b)

图 3-11-11

17. 确定参数设置得到如图3-11-12所示效果图。

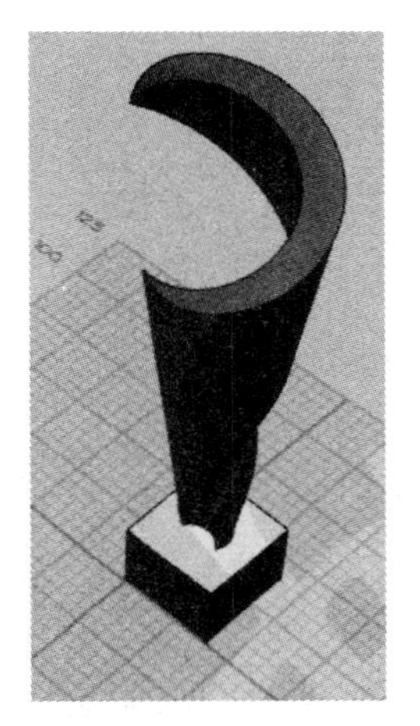

图 3-11-12

18. 选择特征造型命令组中的倒角命令。

19. 设置参数选择倒角边，如图3-11-13所示。

(a) (b)

图 3-11-13

20. 点击确定得到模型效果如图3-11-14所示。

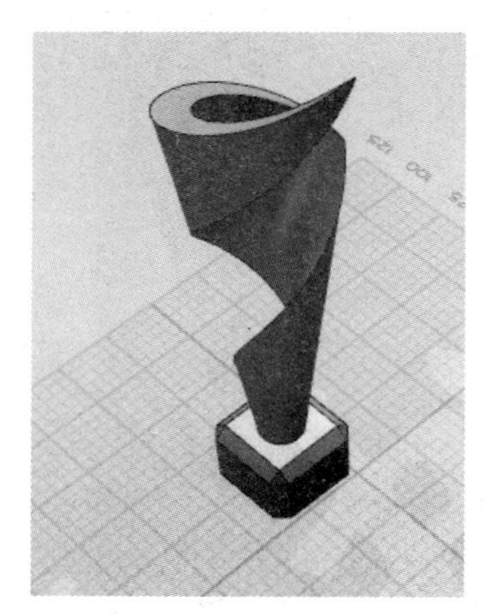

图 3-11-14

21. 以长方体的侧面作草图，选择草图绘制命令组中的预制文字命令并设置参数。如图3-11-15所示。

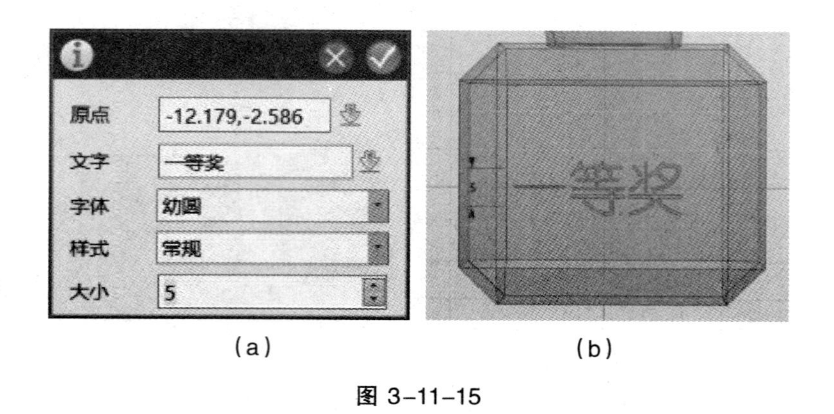

(a) (b)

图 3-11-15

22. 调节好位置后点击完成按钮完成草图绘制。

图 3-11-16

23. 选择特征造型命令组中的拉伸命令并设置参数。如图3-11-17所示。

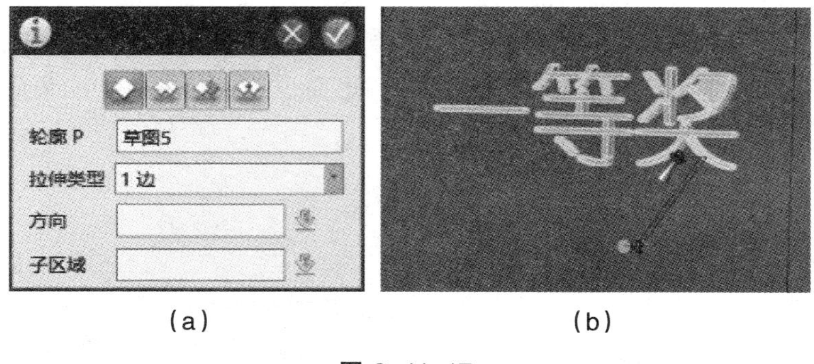

(a)　　　　(b)

图 3-11-17

24. 点击确定完成草图绘制，得到最终模型如图3-11-8所示。

图 3-11-18

案例十二、齿轮

1. 选择草图绘制命令组中的圆形命令绘制半径为40 的圆。如图3-12-1所示。

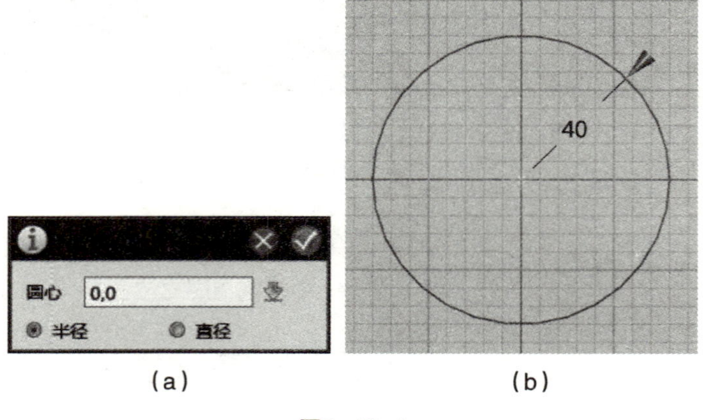

(a) (b)

图3-12-1

2. 以上述方法在其中间绘制半径为10 的圆，并用草图绘制命令组中的矩形命令绘制键槽。如图3–12–2所示。

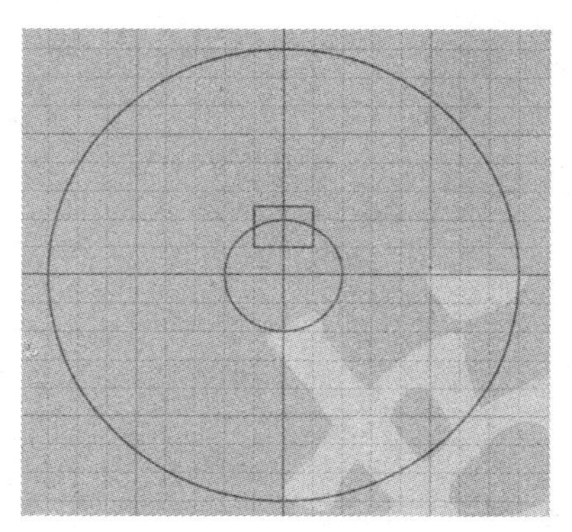

图3–12–2

3. 选择草图编辑命令组中的单击修剪命令，对草图进行修剪。修剪后的效果如图3–12–3所示。

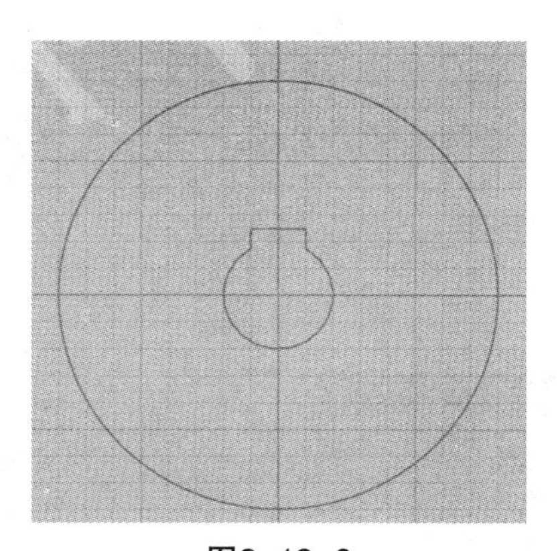

图3–12–3

4. 选择草图绘制命令组中的直线命令，绘制草图如图3-12-4所示。

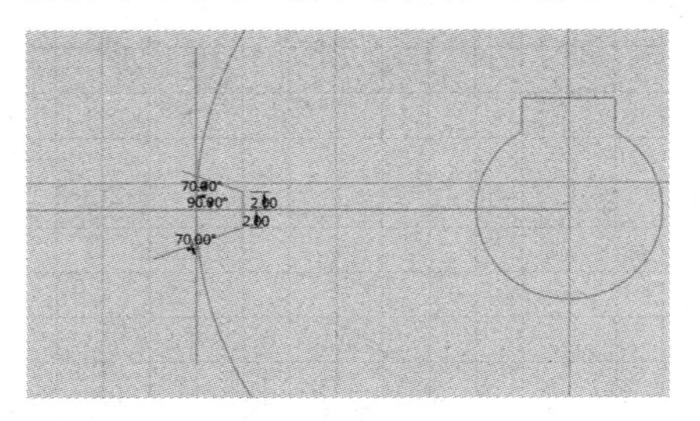

图3-12-4

5. 选择草图编辑命令组选择单击修剪命令得到如图3-12-5所示的效果。

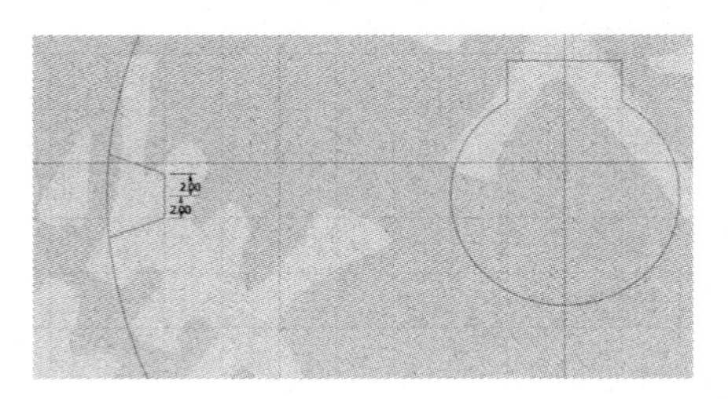

图3-12-5

6. 选择基本编辑命令组中的阵列命令并设置参数。如图3-12-6所示。

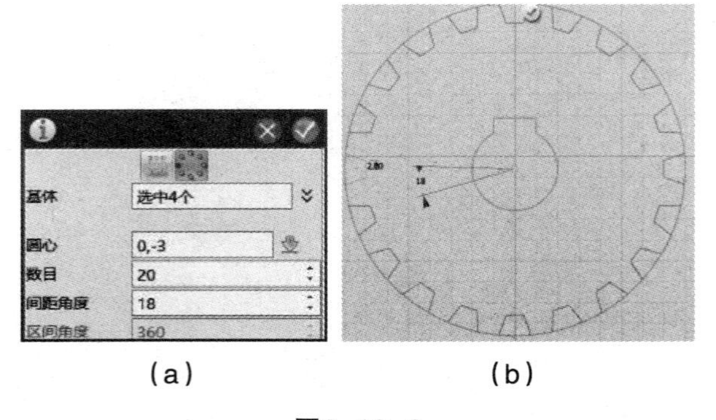

(a) (b)

图3-12-6

7. 确定参数设置完成齿槽的绘制，并在两齿槽之间绘制直线。如图3–12–7所示。

图3–12–7

8. 对上一步骤中绘制的直线进行阵列并删除外圆。

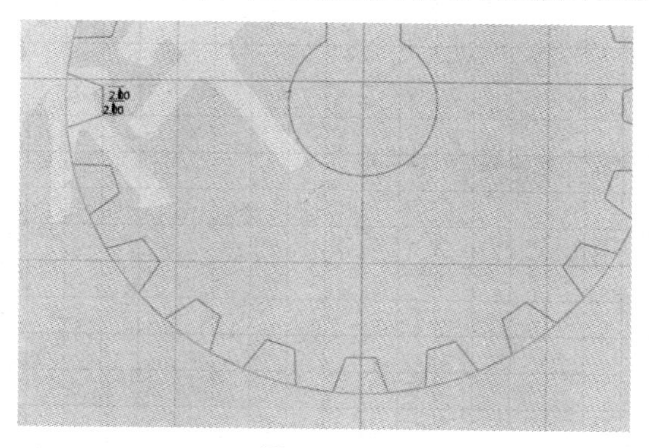

图3–12–8

9. 点击完成按钮完成草图绘制。完成后的草图如图3-12-9所示。

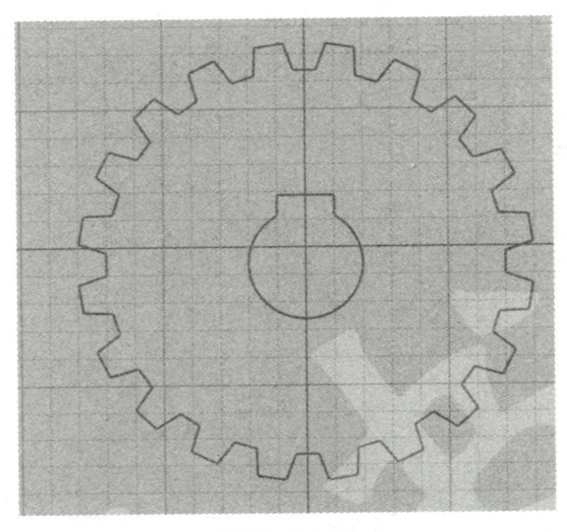

图3-12-9

10. 选择特征造型命令组中的拉伸命令拉伸草图。如图3-12-10。

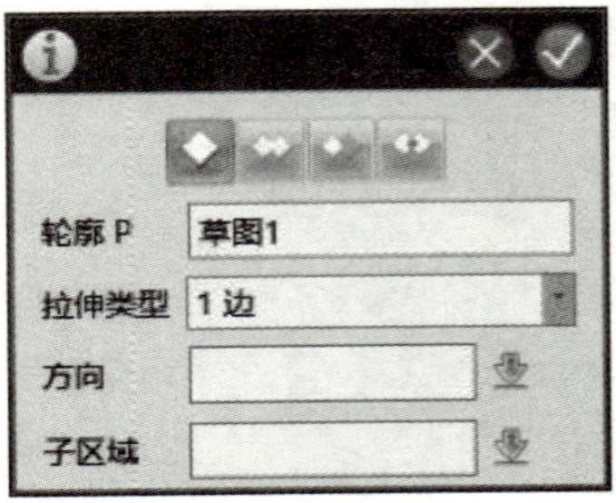

（a） 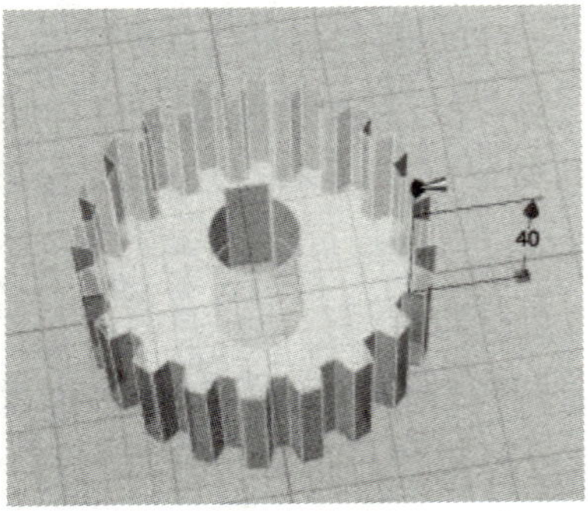　（b）

图3-12-10

11. 选择特征造型命令组中的倒角命令对齿轮的齿进行倒角。如图3-12-11所示。

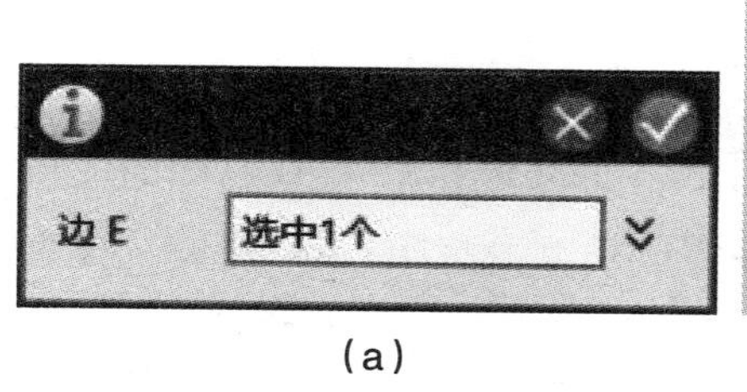

(a)

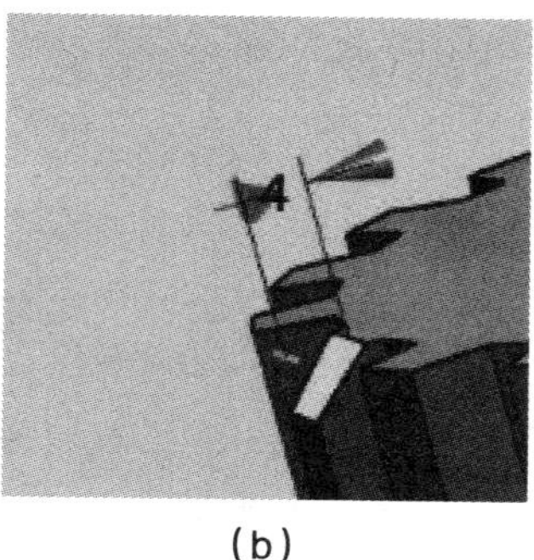

(b)

图3-12-11

12. 最终得到的齿轮模型效果如图3-12-12所示。

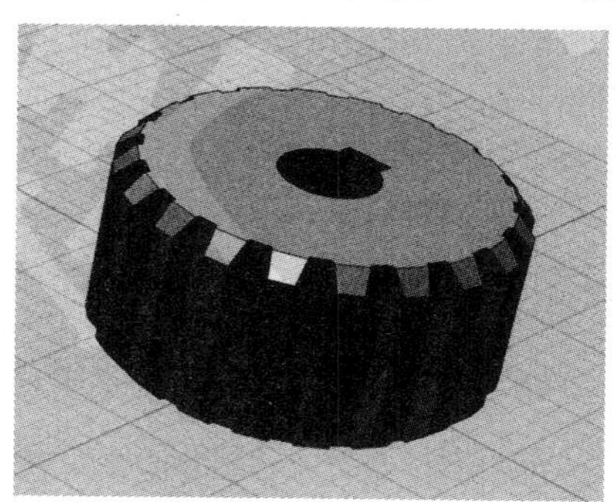

图3-12-12

3.3 3D打印模型设计注意事项

3D打印的模型与传统计算机效果表现模型有一定的区别。其中主要的区别在于，传统计算机效果表现模型考虑的是最终呈现出来的效果画面，对于模型的实际尺寸、厚度、内部结构等可以不做具体处理。而3D打印模型不仅要求效果美观，同时要考虑模型是否能够打印，打印的结果是否达到预期效果，这就要求3D打印模型的设计需要按照一定的设计“规则”来完成。以下列出几点可供参考。

一、45度法则

当模型中存在倾斜度超过45度的突出时，需要高明的建模技巧或者是额外的支撑材料来完成模型的打印，可以在设计模型的时候添加支撑或连接物件（锥形物或是其它的支撑材料）。

二、尽量避免在设计时使用支撑材料

虽然用于支撑的演算法一直在进步，但是去除支撑材料之后模型上仍然会有印记，影响模型的美观度。而且去除的过程也非常耗时。设计模型的时候尽量不使用支撑材料，让它可以直接进行3D打印。

三、尽量自己设计打印底座

设计模型的时候不要使用软体内建的底座模型，要善于运用圆盘状或是圆锥状的底座。内建的打印底座会减慢打印速度。而且根据不同软体或是打印机的设定，内建的打印底座可能会难以去除并且对模型的底部造成损坏。

四、了解打印机的能力与极限

在进行模型设计和制作时，应该考虑到不同打印机的打印能力，了解打印机X轴、Y轴和Z轴的控制范围，进而确定打印机所能打印物体的最大尺寸。注意你所设计的模型的细节中是否有一些

微小的突出物或是零件因为太小而无法使用桌面型3D打印机打印。打印机有一个非常重要但是常常容易被忽略的参数——线宽。线宽是由打印机打印头的直径来决定的，3D 打印机画出来的圆，大小都会是线宽的两倍。

五、校准单位

在了解3D打印机打印能力和打印极限的基础上，我们可以在设计中控制模型的厚度、精度和大小等，如何精准地确定模型的上述参数，需要将建模软件的显示单位与系统单位设置为指定单位、比如毫米单位，方便我们在设计与制作的过程中直观地观察到模型的厚度、大小等等参数，避免导入3D打印机解析软件后出现超出模型预期效果。

六、为需要连接的零件选择合适的容许公差

若模型有多个连接处，那么需要设计合适的容许公差。一个计算正确容许公差的技巧是：在需要紧密接合的地方（压合或连结物件）预留0.2mm 的宽度；给较宽松的地方（枢纽或是箱子的盖子）预留0.4mm 的宽度。要找到非常正确的公差可能会有些困难，需要为模型做测试，才能为你创造的物品确定合适的容许公差。

七、适度的使用外壳（Shell）

在要求精度的模型上不要使用过多的外壳，像是对于一些印有微小文字的模型来说，多余的外壳会让这些精细处模糊掉。

八、善用线宽

巧妙地利用线宽可以让你的设计更加出色。如果你想要制作

一些可以弯曲或是厚度较薄的模型，将你的模型厚度设计成一个线宽厚。

九、调整打印方向以求最佳精度

以可行的最佳分辨率方向来作为你的模型打印方向。如果有需要，可以将模型切成好几个区块来打印，然后再重新组装。对于使用熔丝沉积（Fused Deposition Modeling，FDM）技术的打印机来说，XY 轴的精度已经被线宽决定了，所以只能控制Z 轴方向的精度，如果你的模型有一些精细的设计，确认一下模型的打印方向是否有能力印出那些精细的特征。

十、根据压力来源调整打印的方向

当受力施加在模型上时，我们要保持模型不会毁坏。确保你的打印方向以减少应力集中在部分区域，我们可以调整打印的方向让打印线垂直于应力施加处。同样的原理也可以运用在常用来打印大型模型的ABS树脂上，在打印的过程中，这些大型模型可能会因为在打印台上冷却的关系而沿着Z 轴的方向裂开。

十一、最终目标：打印且正确摆放你的模型设计

利用位置设计来打印包含了多种综合型物件是熔丝沉积打印机的终极目标。把设计物件放在打印平台上，连结这些邻近的物件，并在间隔处小心地打印。

十二、翘边的原因与预防

在间隔处小心地打印。如果设计的模型比较宽、比较长而且很平的情况下，打印模型时边角有可能会卷起。出现这种情况，是

因为被挤出的塑料在冷却过程中产生略微的收缩。PLA与ABS材料都存在以上的问题，相比之下ABS材料更加明显。想要减少边角的卷起，需要提高打印模型在打印床（底板）上的附着能力，通常可以检查和清理底板的打印孔，在工具箱中的配套的锥子（锥子），用它来剔除打印床上残留的材料。

还可以尝试将打印机放置在比较恒温的室内，防止低于打印物温度的空气流入，从而防止打印模型底部不均匀的冷却。比较熟练的设计师还可以在设计模型时，就考虑这类材料收缩的问题，事先做好预防措施，比如在模型的各个底部角落加设后期容易去除的触手结构（一种小小的扁圆形结构），这种小触手结构会牢牢地抓住打印床，使得模型稳定地冷却，防止模型边角卷起。

十三、高精度打印

3Dtakers打印机已经能够满足日常的精准打印，但打印模型依然会受到许多方面的影响，使得打印模型与计算机设计模型有出入，有些设计师对模型尺寸精度的要求比较高，就需要对精密打印有所了解，方便规划好对策。

高精度打印、普通打印与快速打印：为使打印的模型比较完美，打印速度、层高以及目标温度等参数的设置要相匹配，因此3Dtakers软件提供了三档优化组合：高质打印；普通打印；快速打印。您选择任何一档模式后，软件将自动设置好相匹配的参数。“高质打印”的速度相对较慢，除非您确实需要打印精度较高的模型，因此通常选择普通打印。若选择快速打印，打印的速度将加快，但打印出模型的效果不如普通打印的效果。

填充度：通常情况下选择缺省值“默认”作为填充选项，不同的填充率将打印成不同的填充密度，如果对打印模型的硬度要求更高，可以设置成80%。填充密度从高到低，打印效果如下图所示：

不同填充率的打印效果图

材料收缩率：设计师和工程师对于模型的尺寸精度等要求往往比较高，虽然3Dtakers打印机已经是一款极为精确的打印机，但还是会受到材料收缩的影响。无论采用哪种材料，要得到精密的打印模型，在3D打印模型设计初期，就应该提前考虑到收缩率。

十四、打印模型表面处理

细心的用户都能够发现所有打印的模型都会出一层层的结构纹理，这些纹理的产生是因为3Dtakers采用的是FDM技术，而所有的FDM技术打印的物体都有层的纹理（FDM是一种将材料融化逐层打印的技术），所以想要得到一个光滑的打印模型，就需要对其表面进行处理，而这些打印模型即使稍微进行一些后期处理，都能起到很大的效果。处理表面可以用物理方法，使用刀具、磨器和磨砂纸等器材对模型表面进行抛光，也可以使用喷式材料或颜料上色，在模型表面覆盖一层薄的材料来达到表面光滑的效果。

3.4 智能3D照片视频建模软件的使用

除了在三维建模软件中设计模型，我们还可以利用智能3D照片视频建模软件进行智能建模。智能3D照片视频建模软件能够通过解析用户上传的实物的照片或者视频进行建模。

如果使用照片进行建模，拍照时要对着物体绕圈拍照，拍照间隔越短建模效果越好。需要至少拍摄36张照片（即至少每10度就拍摄一张照片），如果照片数量不够，可能导致建模失败。

若使用视频进行建模，需要对着建模的物体保持慢速绕圈拍摄30秒以上，拍摄速度越慢建模效果越好。拍摄时长最好能够达到1分钟以上，如果视频过短，可能导致因为建模素材不合格造成建模失败；拍摄的过程中至少围着物体绕一圈，如果未完整绕一圈，可能导致建模素材不足造成建模模型缺失；在慢速拍摄过程中要注意拍摄界面的稳定性，高质量的拍摄素材会有更好的建模结果。

使用此软件之前需要使用手机号注册一个账号，登录后即可进行照片建模或视频建模。注册过程如下：

1、打开智能3D建模APP进入主界面，点击主界面中的“点我开始”进入登录页面。

2、在登录页面中点击“新用户”后进入注册页面，输入手机号

和密码后点击“注册”，完成后自动跳转至主页面。

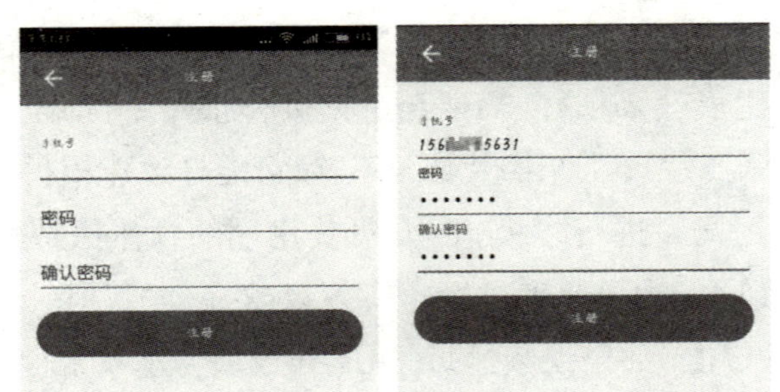

用户登录后的主界面如下图所示。以下内容将分别介绍照片建模和视频建模的具体步骤。

3.4.1 照片建模步骤

1、点击主界面中的“点我开始”出现如下界面：

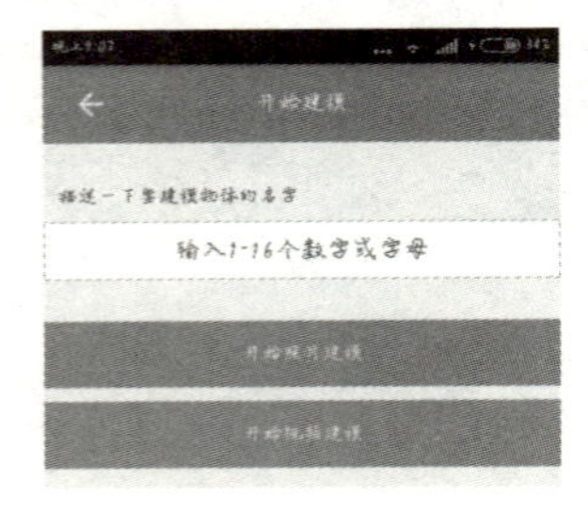

2、按照要求输入建模物体的名字并点击“开始照片建模”，依次得到如下界面：

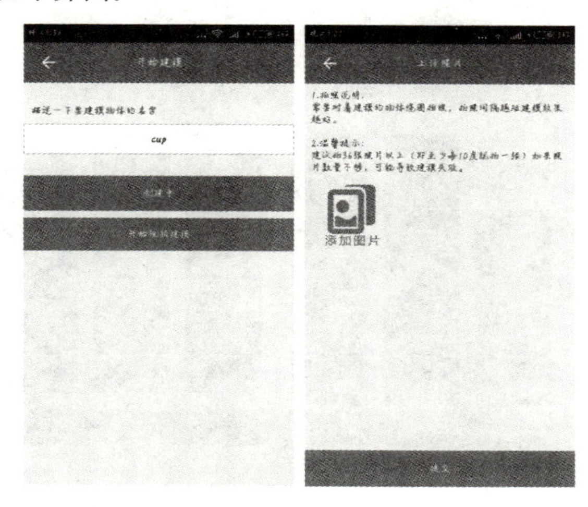

3、点击“添加图片”从手机相册中选择要用于建模的图片并且可以预览所选择的图片，如下图所示：

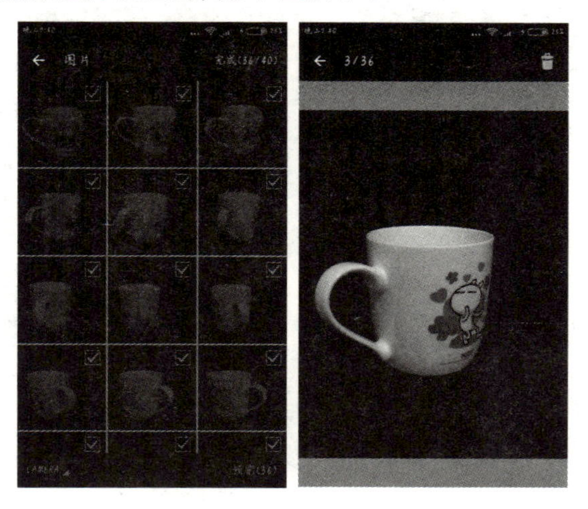

4、点击“完成”，上传照片的界面中出现已选择的图片，点击

“提交”后开始上传照片。

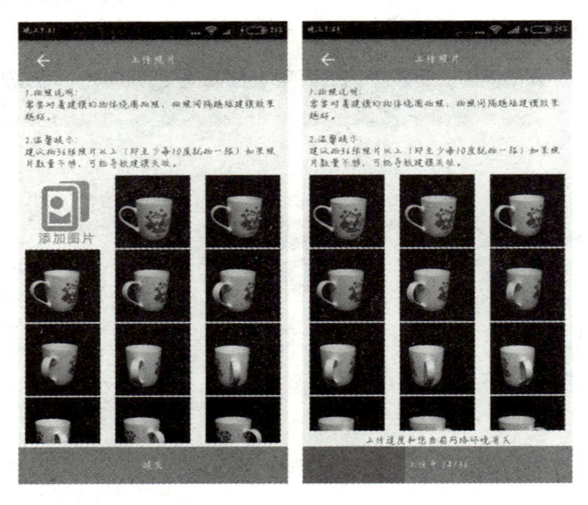

5、图片上传完毕则自动退回到主界面，可以在“个人中心”中选择“我的建模任务”查看建模进度。

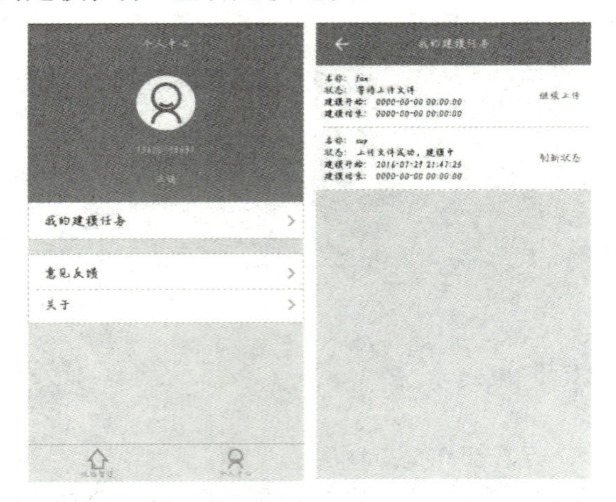

3.4.2 视频建模步骤

1、点击主界面中的“点我开始”出现如下界面：

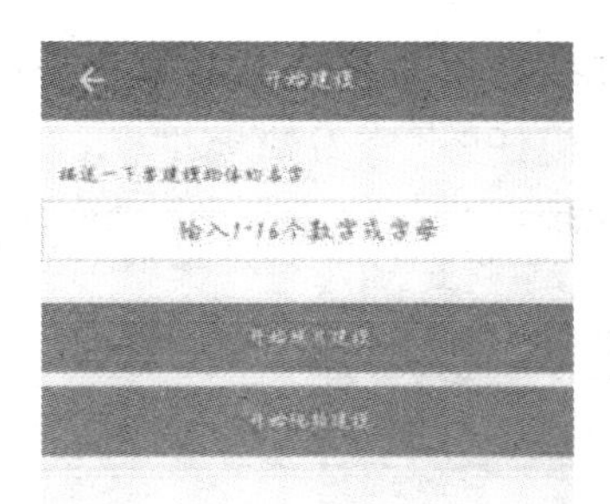

2、按照要求输入建模物体的名字。

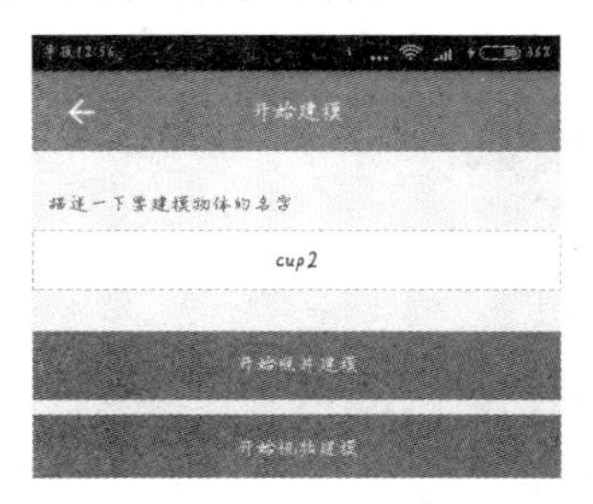

3、在“开始建模”界面中选择“开始视频建模”则界面转换至“上传视频”界面，在此界面中可以通过“拍摄视频”或者“选取视频”得到建模视频。得到视频后点击“提交”则开始上传视频。

4、视频上传完毕系统会自动回退至主界面，可以在“个人中心”中选择“我的建模任务”查看建模进度。

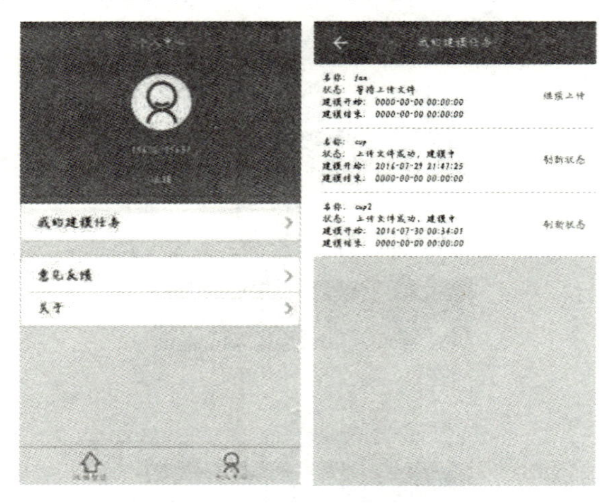

扫描以下二维码即可下载智能3D建模软件安装包，开启轻松建模之旅。

第4章　3D打印应用

3D打印技术正是伴随着它的实际应用而逐步发展起来的，目前已经广泛应用于汽车、机械、航空航天、家电、通讯、电子、建筑、医疗、珠宝、鞋类、玩具等产品的设计开发过程，也在模具制造、工程施工，食品制造、地理信息系统等许多其他领域得到应用。特别在产品外观评估、方案选择、装配检查、功能测试、用户看样订货、塑料件开模前校验设计以及少量产品制造等方面，可以大大缩短设计周期，提高生产效率，降低生产成本，给企业带来经济效益。

4.1　3D打印在建筑领域的应用

建筑模型的传统制作方式，渐渐无法满足高端设计项目的要求。现如今众多设计机构的大型设施或场馆都利用3D 打印技术先期构建精确建筑模型来进行效果展示与相关测试，3D 打印技术所发挥的优势和无可比拟的逼真效果为设计师所认同。工程师和设计师使用3D打印机打印建筑模型，不仅成本低、环保，而且制作精美，完全合乎设计者的要求。盈创科技公司的大型3D打印机已经能打印出整栋的房屋。

BIM（建筑信息模型）作为一种在建筑工程项目中使用的信

息化管理技术，以建筑工程项目的海量信息为基础，在整个工程的设计阶段建立起三维建筑模型，给项目决策者、建造施工者等一个直观的感受，是贯穿于整个建设项目全生命周期的信息集合。BIM能够提高管理效率，涉及建筑工程项目从规划、设计到施工、维护的一系列创新和变革，是建筑业信息化发展的趋势。BIM建筑信息模型是对建筑物实体与功能特性的数字表达形式，它通过数字信息仿真模拟建筑物所具有的真实信息。建设项目的各参与方可以通过模型在项目全生命周期中获取各自所需的管理信息并且可以更新、插入、提取、共享项目各项数据，从而实现协同管理，提高项目管理的效率。

3D打印作为一种快速成形的技术，从理论上讲，3D打印机能够完整打印出一整套房屋以及各种立体的物品。在设计阶段，排水系统模型、给水系统模型、消火栓系统模型等各种模型都能够通过3D打印机打印出来，方便对实体模型进行研究以及学习。在施工阶段，3D打印的使用能够降低建筑周期、减少建筑成本以及减少建筑垃圾。而对于后期的维护，3D打印的建筑设计模型能够更好地服务于维护人员。BIM技术与3D打印技术相结合能够扩展业务范围，如虎添翼。

3D打印可以打印出各类建筑的设计模型，帮助建设人员提前进行规划整改以及从整体视角对建筑进行观察。图4-1是中铁十七局设计的地铁模型，此模型是厦门市政府进行地铁建设的重要参照依据，由三维泰柯（厦门）电子科技有限公司研发的3D打印机打印而成。在地铁建设的设计阶段运用3D打印技术将地铁模型打印出来可以供建设人员在建造前进行更好地计划以及便于各部门进行信息交流。

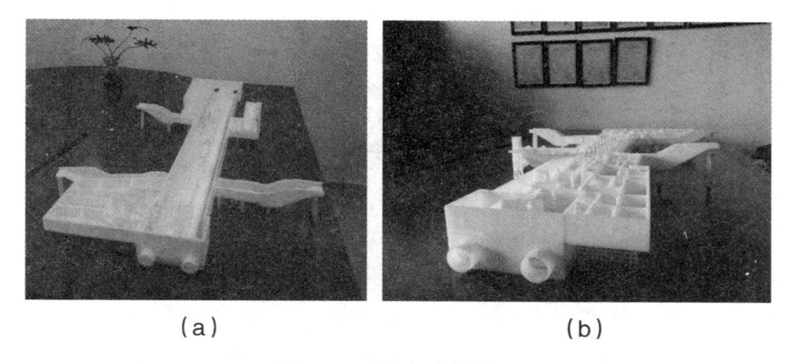

（a）　　　　　　　　（b）

图 4-1　厦门地铁模型

北京通州一厂房内诞生的3D打印别墅是世界上第一幢由3D打印机现场打印的房屋，其真正的施工时间为45天。这一幢400平米的别墅据检测能够抵抗八级以上的地震。

图 4-2　3D打印别墅（图片来源：中国网）

图4-3是迪拜第一个耗时17天的全功能3D打印建筑。这座建筑的外形采用阿联酋大厦设计风格，其建筑占地2000平方英尺，有足够的工作或者召开国际性会议的空间，并且水、电、通讯设

施、制冷系统等供应非常完善。

图 4-3　迪拜第一个3D打印建筑（图片来源：3D虎）

超5亿美元的未来博物馆将在迪拜3D建造。这座博物馆为了能与它馆藏的未来科技和发明相媲美，将使用3D打印来建造。

图 4-4　未来博物馆蓝图（图片来源：3D虎）

4.2　3D打印在航空航天领域的应用

航空航天制造领域集成了一个国家所有的高精尖技术，是国家战略计划得以实施，政治形势得以展现的后援保障领域。而金属3D技术作为一项全新的制造技术，在航空航天领域的应用具有相当突出的优势，服务效益明显。主要体现在以下几个方面：

（1）缩短新型航空航天装备的研发周期；

（2）提高材料的利用率，节约昂贵的战略材料，降低制造成本；

（3）优化零件结构，减轻重量，减少应力集中，增加使用寿命；

（4）零件的修复成形；

（5）与传统制造技术相配合，互通互补。

航空航天作为3D打印技术的首要应用领域，其技术优势明显，但是这绝不是意味着金属3D打印是无所不能的，在实际生产中，其技术应用还有很多亟待解决的问题。比如目前3D打印还无法适应大规模生产，满足不了高精度需求，无法实现高效率制造等。而且，制约3D打印发展的一个关键因素就是其设备成本的居高不下，大多数民用领域还无法承担起如此高昂的设备制造成本。但是随着材料技术，计算机技术以及激光技术的不断发展，制造成本将会不断降低，满足制造业对生产成本的承受能力，届时，3D打印将会在制造领域绽放属于它的光芒。虽然还有很多技术亟待解决，但是3D打印在航空航天制造业上的应用已经逐渐进行。

波音公司的737 MAX上面安装了一对CFM International公司的LEAP-1B发动机，这款发动机上使用了19个3D打印的燃料喷嘴，如图4-1。这些3D打印的燃料喷嘴只有用3D打印技术才能够制造得出来。这种3D打印的新型燃料喷嘴重量更轻，比传统的燃料喷嘴轻了25%——以前制造这种燃料喷嘴需要18个部件，而现在只需要1个。除此之外，还具备冷却通路和支持索带更加复杂等优势。这些新特性使得3D打印燃料喷嘴的耐久性比常规制造的增加了5倍。

图 4-1 3D打印的飞机燃料喷嘴（图片来源：3D虎）

图4-2是美国航空航天制造商洛克希德·马丁公司首个用在弹道导弹上面的3D打印部件。这是一个“连接器后壳”,它主要装在电缆连接器上面以保护它们免受伤害或者意外断开。

这件仅有1英寸（2.5厘米）宽的连接器后壳在3D打印时，先由3D打印机在打印床上铺设一层薄薄的铝合金粉末，然后高温的激光或电子束在计算机的引导下融化指定区域的粉末，然后机器又铺上了另外一层粉末，这个过程不断重复，直至3D对象被打印完成为止。打印完成后吹去多余的粉末，并进行平滑处理和抛光。使用3D打印技术可以减少材料浪费，而且生产周期与常规方法相比被缩减了一半。

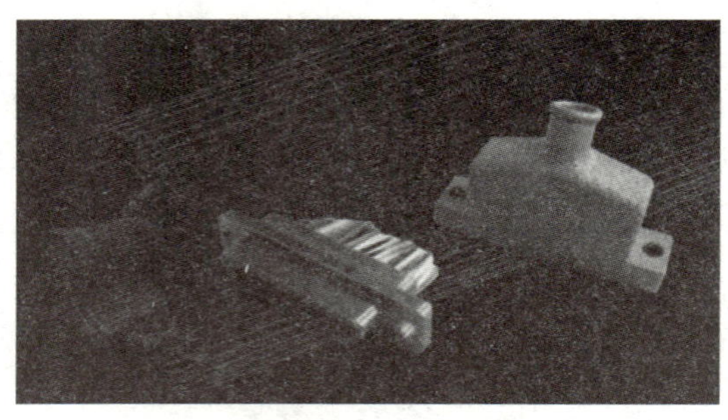

图 4-2 连接器后壳（图片来源：3D虎）

4.3　3D打印在汽车制造领域的应用

经过多年的发展，3D打印技术已经成为汽车制造不可或缺的一部分，这一点在福特公司身上体现得尤为突出。

使用传统的成型技术生产原型的一部分零件，不仅在技术人员和工具上有特定的要求，而且生产周期往往需要数周甚至数月。而3D打印技术的速度、效率和成本控制相比于传统技术都有明显优势。福特公司使用3D打印技术使得等待原型的时间大大减少，从几周到几小时不定。3D打印技术不仅节约了公司的时间，还大大降低了原型制作的成本，而且该技术允许工程师随时进行测试和优化。

2017版的福特GT这一款车的设计上利用3D打印技术进行了一系列的原型细化和完善，最终这款车被设计成了F1式的方形方向盘（如图4-3），该方向盘集合了变速控制和驱动控制的功能。另外，这款车的上翻车门由于经过多次原型设计和修改，重量大大降低。

图 4-3　3D打印方向盘（图片来源：3D虎）

福特推出的高端汽车蒙迪欧Vignale中网上独特的六边形是利用3D打印技术制作而成的，如图4-4。同时，设计师们还通过原型设计打造出了19英寸的镍合金轮毂和双层镀铬的排气管。另外，在一些外观装饰的细节上也不同程度地利用了3D打印技术。

图 4-4　拥有3D打印部件的蒙迪欧Vignale（图片来源：3D虎）

不管是福特的Dunton技术中心，还是其设在德国的福特欧洲总部都已经将3D打印原型融合到其经典设计流程中。设计师们参考一系列设计草图和2D图纸，通过三维建模软件做成CAD模型。同时进行全尺寸黏土模型的制作。两者的同时进行使福特公司评估首次设计的时间大大缩短。全尺寸的黏土模型能够方便设计团队评估车型和车身的整体线条以及设计，而3D打印的模型能够提供一些细节部位的参考。

4.4　3D打印在医疗领域的应用

3D打印模型可以让医生提前进行练习、使手术变得更为安全，有助于减少手术步骤，从而减少病人在手术台上的时间；南方医科大学珠江医院的方驰华教授利用3D打印的肝脏模型指导完成复杂肝脏肿瘤切除手术，这也是我国首例的肝脏手术应用；外科医生可以用3D打印的骨骼替代品进行骨骼损伤修复，帮助骨质疏松症患者恢复健康。

生物3D打印是基于“增材制造”的原理，以特制生物“打印机”为手段，以加工活性材料包括细胞、生长因子、生物材料等为主要内容，以重建人体组织和器官为目标的跨学科跨领域的新型再生医学工程技术。它代表了目前3D打印技术的最高水平之一。

3D打印牙齿、骨骼修复技术已经非常成熟，并在各大骨科医院、口腔医院快速普及，而3D打印细胞、软组织、器官等方面的技术可能还需要5—10年。

先天性心脏缺陷是出生缺陷中最常见的类型，每年有近1%的新生婴儿有此类问题。对婴幼儿进行心脏手术要求医生在一个还没有完全长成的小而精致的器官的内部操作，难度非常高。在美国肯塔基州Louisville的Kosair儿童医院，心脏外科医生Erle Austin在对一个患有心脏病的幼儿进行复杂的手术之前，用3D打印的模型规划和实验，保障了手术的成功完成，模型如图4-5。

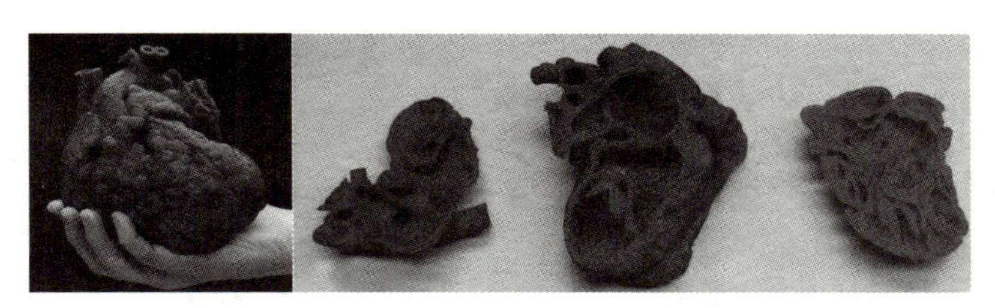

图 4-5 3D打印心脏模型

图4-6 是一种新型的牙科部件，叫做Dental SG。借助这款新部件，医生在牙科植入手术当中能够针对牙钻的位置做出精准的

决策。这款新部件使用桡性树脂，通过3D打印技术制作，能够完美地嵌合于患者的牙齿3D打印模型之上。这种方法既能够提高手术精准度和效率，又可以加快患者的恢复期，可谓两全其美。

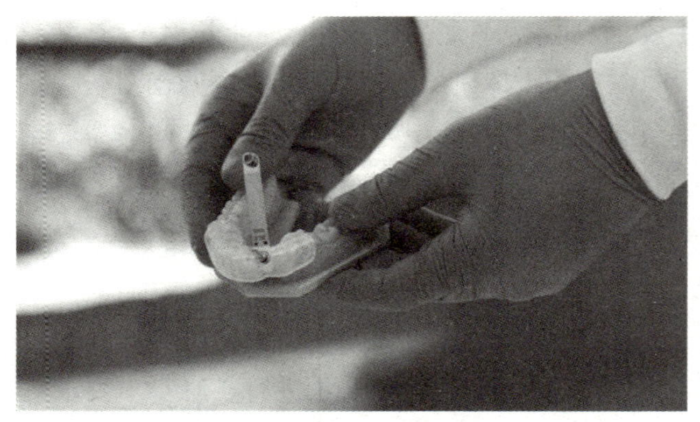

图 4–6　牙科部件Dental SG（图片来源：中国3D打印网）

过3D打印，医生们能够通过分析患者独特的MRI和CT扫描图来打印骨骼的三维模型，如图4–7。一般的桌面级3D打印机就能够在几小时内完成模型的制作。这些骨骼模型一般都是通过一种生物可降解材料PLA来进行打印。

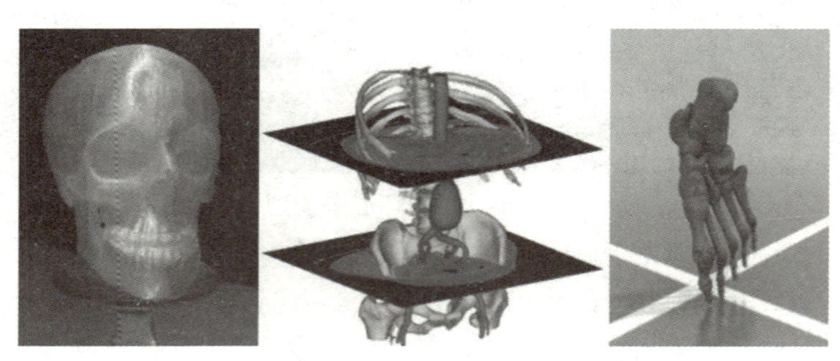

图 4–7　3D打印骨骼模型（图片来源：中国3D打印网）

西安交大一附院完成国内首例3D打印颈内静脉—锁骨下静脉—上腔静脉梗阻血管再造手术。3D打印患者病变静脉系统及周围结构，再根据打印自制牛心包管道与打印结果进行契合，与梗阻静脉吻合的手术方式，对于此类疾病的治疗具有开拓意义，也为此类病例的解决提供了新的思路。

4.5　3D打印在文化创意领域的应用

文化创意是以文化为元素、融合多文化、整理相关科学、利用不同载体而构建的再造与创新的文化现象。文化创意产业是指依靠创意人的智慧、技能和天赋，借助于高科技对文化资源进行创造与提升，通过知识产权的开发和运用，产生出高附加值产品，具有创造财富和就业潜力的产业。

我国对文化创意产业的形态和业态进行了界定，明确提出了国家发展文化创意产业的主要任务，标志着国家已经将文化创意产业放在文化创新的高度进行了整体布局。

3D打印技术是先进制造业的重要组成部分，体现了信息网络技术与先进材料技术、数字制造技术的紧密结合。3D打印在文化创意领域有着广阔的应用空间，如应用于艺术品的个性化定制、珠宝首饰的生产制造、文物等古代高端艺术品的再现和衍生品制作。专家总结了3D打印技术在文化创意产业的应用价值：

（1）能够为独一无二的文物和艺术品建立起准确、完整的三维数字档案库，以便随时可以高保真地将文物和艺术品实物模型给予再现；

（2）取代了传统的手工制模工艺，在作品精细度、制作效率方面带来了极大的改善和提高，对于有实物样板的作品，通过数字模型数据可以非常容易地进行编辑、缩放、复制等精确操作，借助3D打印机这种数字制造工具，高效实现小批量生产，促进文化的传播和交流；

（3）带来了大量的跨界整合和创造的机会，为艺术家们提供了极其广阔的创作空间，尤其在文物和高端艺术品的复制、修复、衍生品开发方面的作用非常明显。

3D打印技术给了人们无限的想象，其最大的优势在于能够弥补传统制作难以做出的一些设计，使得设计师可以将所有的精力放在设计上，而不需要过多地去迁就制作方式。

图4-8是陕西博物馆为了更好地保护文物而利用3D打印技术仿制的西汉匈奴鹿型金怪兽。这件文物制作工艺精湛，说明当时匈奴在银器制作方面水平之高，是匈奴最具代表性的艺术珍品。

图 4-8　西汉匈奴鹿型金怪兽（图片来源：中国3D打印网）

3D打印使得珠宝定制不再是少部分人的专属。借助于电脑辅助设计技术（CAD），设计师可以设计出任何我们想象得到的珠宝样式，如3D打印定制的戒指，见图4-9。虽然相比于传统的由精湛手工艺制作而成的珠宝，其人文价值是3D打印珠宝所无法比拟的，但是在珠宝设计的复杂性以及时间成本上却是拥有绝对优势的。

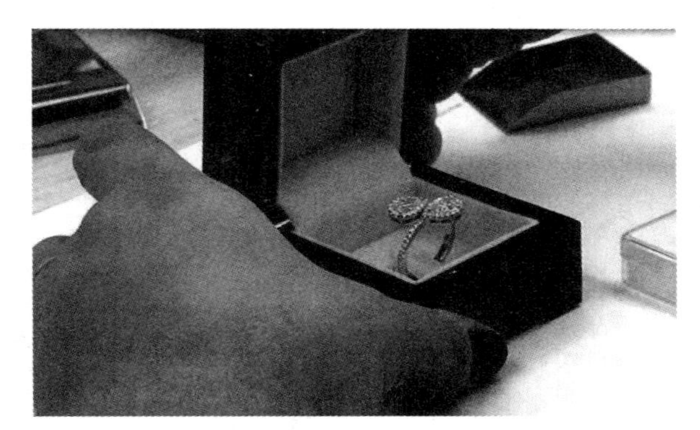

图 4-9 3D打印戒指（图片来源：ZOL）

电影道具在当今这个大片横行的时代有着举足轻重的地位，在影视制作中巧妙运用道具能够恰当地体现场景环境气氛，地区和时代特色。图4-10是由设计师利用他们自己设计的一个算法自动生成一个3D文件进行3D打印而成的白骨祭坛。

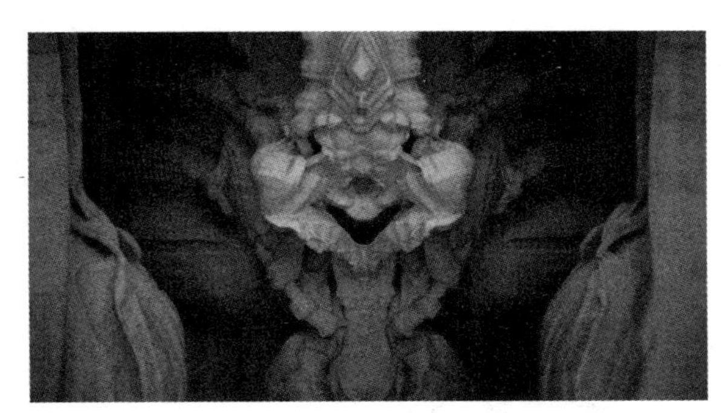

图 4-10 3D打印白骨祭坛（图片来源：PCHOME）

美国德雷塞尔大学的研究人员通过对化石进行3D扫描，利用3D打印技术做出了适合研究的3D模型，不但保留了原化石所有的外在特征，同时还做了比例缩减，更适合研究。博物馆里常常会用很多复杂的替代品来保护原始作品不受环境或意外事件的伤害，同时复制品也能将艺术或文物的影响传递给更多更远的人。

此外，Autodesk组建鞋业集团，力推数字化制鞋解决方案，实现个性化定制，包括鞋子和配饰的设计、制造并达到合脚、舒适。

附录

Pony-1 实验箱清单（钣金）				
编号	名称	属性	单台量	备注
BJ001	L 型钣金	钣金	1	
BJ002	顶盖	钣金	1	
BJ003	后盖	钣金	1	
BJ004	前盖	钣金	1	
BJ005	底盖	钣金	1	
BJ006	横条	钣金	1	
BJ007	X 钣金	钣金	1	
BJ008	X 盖	钣金	1	
BJ009	皮带夹	钣金	3	
BJ010	X 夹	钣金	1	
BJ011	X 托	钣金	1	
BJ012	打印头托	钣金	1	
BJ013	打印头盖	钣金	1	

Pony-1 实验箱清单（打印头模块）				
编号	名称	属性	单台量	备注
PT001	铝块	打印头模块	1	
PT002	喉管	打印头模块	1	
PT003	铜块	打印头模块	1	
PT004	喷嘴	打印头模块	1	
PT005	进料块	打印头模块	1	
PT006	PT 接线板	打印头模块	1	
PT007	风扇	打印头模块	1	
PT008	电机线	打印头模块	1	
PT009	加热管	打印头模块	1	
PT010	传感器	打印头模块	1	
PT011	PT 排线 1	打印头模块	1	

Pony-1 实验箱清单（打印头模块）				
编号	名称	属性	单台量	备注
PT012	导热硅胶	打印头模块	5	
PT013	电机齿轮	打印头模块	1	
PT014	DJ106D	打印头模块	1	

Pony-1 实验箱清单（传动模块）				
编号	名称	属性	单台量	备注
CD001	同步轮 A	传动模块	3	
CD002	销	传动模块	3	
CD003	轴承	传动模块	6	
CD004	轴承座	传动模块	3	
CD005	皮带	传动模块	3	
CD006	导轨	传动模块	4	
CD007	DJ204D	传动模块	2	
CD008	DJ206D	传动模块	1	
CD009	同步轮 B	传动模块	3	
CD010	平台面板	传动模块	1	
CD011	平台支撑	传动模块	1	

Pony-1 实验箱清单（线路模块）				
编号	名称	属性	单台量	备注
XL001	主电路板	线路模块	1	
XL002	显示屏电路板	线路模块	1	
XL003	X 圆头限位 *25	线路模块	1	
XL004	Z 平头限位 *25	线路模块	1	
XL005	Y 平头限位 *15	线路模块	1	
XL006	DJ 接线板	线路模块	1	
XL007	DJ 排线	线路模块	1	
XL008	XSP 排线	线路模块	1	
XL009	PT 排线 2	线路模块	1	
XL010	X 电机线 *25	线路模块	1	
XL011	Y 电机线 *10	线路模块	1	

Pony-1 实验箱清单（线路模块）				
编号	名称	属性	单台量	备注
XL012	Z 电机线 *15	线路模块	1	
XL013	电源插口套件	线路模块	1	
XL014	开关按钮	线路模块	1	
XL015	4P 电源插座	线路模块	1	
XL016	电源引线红长	线路模块	1	
XL017	电源引线红短	线路模块	1	
XL018	电源引线黑	线路模块	1	

Pony-1 实验箱清单（配件）				
编号	名称	属性	单台量	备注
PJ001	脚垫	配件	4	
PJ002	旋钮	配件	1	
PJ003	卡扣	配件	8	
PJ004	线扣	配件	1	
PJ005	扎带	配件	1	
PJ006	尼龙柱	配件	8	
PJ007	红垫片	配件	15	
PJ008	铁垫片	配件	10	
PJ009	高温胶布	配件	1	
PJ010	磁垫	配件	4	

Pony-1 实验箱清单（螺丝螺母）				
编号	名称	属性	单台量	备注
LSLM01	圆柱 M3*4	螺丝螺母	35	
LSLM02	圆柱 M3*5	螺丝螺母	10	
LSLM03	圆柱 M3*6	螺丝螺母	60	
LSLM04	圆柱 M3*7	螺丝螺母	2	
LSLM05	圆柱 M3*8	螺丝螺母	6	
LSLM06	圆柱 M3*10	螺丝螺母	2	
LSLM07	圆柱 M3*16	螺丝螺母	4	
LSLM08	圆柱 M3*20	螺丝螺母	1	

Pony-1 实验箱清单（螺丝螺母）				
LSLM09	圆柱 M3*30	螺丝螺母	1	
LSLM10	圆柱 M3*35	螺丝螺母	2	
LSLM11	平窄 M3*6	螺丝螺母	4	磁垫
LSLM12	平头 M3*8	螺丝螺母	3	X 架
LSLM13	平头 M3*20	螺丝螺母	2	进料块
LSLM14	半圆 M3*20	螺丝螺母	2	Z 限
LSLM15	组合 M3*8	螺丝螺母	4	
LSLM16	组合 M3*10	螺丝螺母	6	
LSLM17	橡胶螺母	螺丝螺母	1	
LSLM18	普通螺母	螺丝螺母	10	
LSLM19	大螺母	螺丝螺母	1	
LSLM20	小沉头	螺丝螺母	2	
LSLM21	大沉头	螺丝螺母	6	

Pony-1 实验箱清单（附件）				
编号	名称	属性	单台量	备注
FJ001	清洁布	附件	1	
FJ002	打印垫板	附件	1	
FJ003	小夹子	附件	2	
FJ004	垫板固定片	附件	4	
FJ005	直锥	附件	1	
FJ006	内六角扳手	附件	1	套
FJ007	SD 卡	附件	1	
FJ008	料架	附件	1	
FJ009	引料管	附件	1	
FJ010	SD 卡读卡器	附件	1	
FJ011	电源适配器	附件	1	
FJ012	电钻	附件	1	
FJ013	六角套筒	附件	1	